石油企业岗位练兵手册

井下修井工

大庆油田有限责任公司 编

石油工业出版社

图书在版编目（CIP）数据

井下修井工/大庆油田有限责任公司编.
北京：石油工业出版社，2014.8
（石油企业岗位练兵手册）
ISBN 978-7-5183-0250-5

Ⅰ.井…
Ⅱ.大…
Ⅲ.井下作业-修井-技术手册
Ⅳ.TE358-62

中国版本图书馆 CIP 数据核字（2014）第 143569 号

出版发行：石油工业出版社
（北京安定门外安华里2区1号　100011）
网　　址：http://pip.cnpc.com.cn
编辑部：（010）64255590　发行部：（010）64523620
经　销：全国新华书店
印　刷：北京中石油彩色印刷有限责任公司

2014 年 8 月第 1 版　2014 年 8 月第 1 次印刷
787×1092 毫米　开本：1/32　印张：7.75
字数：179 千字

定价：20.00 元
（如出现印装质量问题，我社发行部负责调换）
版权所有，翻印必究

《石油企业岗位练兵手册》编委会

主　　任：王建新
副 主 任：赵玉昆
委　　员：宋　俭　董洪亮　吴景刚　全海涛
　　　　　王　旭　刘　微　冯国栋

本书编写组成员

史绍金　李龙飞　马殿辉　曾　林　滕艳达
李铁军　薛　超　孙玉才　刘桂清　孙桂兰
戈　莉　张　蕾　张　彬　吴　洋　尹卓然

前　言

岗位练兵是大庆油田的优良传统，是强化基本功训练、提升员工素质的重要手段。新时期、新形势下，按照全面加强三基工作的有关要求，为进一步强化和规范经常性岗位练兵活动，切实提高基层员工队伍的基本素质，按照"实际、实用、实效"的原则，大庆油田有限责任公司人事部组织编写了《石油企业岗位练兵手册》丛书。围绕提升政治素养和业务技能的要求，本套丛书架构分为基本素养、基础知识、基本技能三部分。基本素养包括企业文化（大庆精神、铁人精神、优良传统）和职业道德等内容，基础知识包括与工种岗位密切相关的专业知识和HSE知识等内容，基本技能包括操作技能和常见故障判断处理等内容。本套丛书的编写，严格依据最新行业规范和技术标准，同时充分结合目前专业知识更新、生产设备调整、操作工艺优化等实际情况，具有突出的实用性和规范性的特点，既能作为基层开展岗位练兵、提高业务技能的实用教材，也可以作为员工岗位自学、单位开展技能竞赛的参考资料。

希望本套丛书的出版能够为各石油企业有所借鉴，为持续、深入地抓好基层全员培训工作，不断提升员工队伍整体素质,为实现石油企业科学发展提供人力资源保障。同时,也希望广大读者对本套丛书的修改完善提出宝贵意见,以便今后修订时能更好地规范和丰富其内容,为基层扎实有效地开展岗位练兵活动提供有力支撑。

编 者
2014年4月

目 录

第一部分 基本素养

一、企业文化 ·· 1

（一）名词解释 ·· 1

1. 大庆精神 ·· 1
2. 铁人精神 ·· 1
3. 艰苦奋斗的六个传家宝 ······························ 1
4. 三老四严 ·· 2
5. 四个一样 ·· 2
6. 思想政治工作"两手抓" ······························ 2
7. 岗位责任制 ··· 2
8. 三基工作 ·· 2
9. 四懂三会 ·· 2
10. 五条要求 ·· 2
11. 新时期铁人 ··· 2
12. 大庆新铁人 ··· 2

（二）问答 ·· 2

1. 简述大庆油田名称的由来。 ······················· 2
2. 中共中央何时批准大庆石油会战？ ············· 3
3. 什么是"两论"起家？ ································ 3

4. 什么是"两分法"前进? ……………………………… 3
5. 简述会战时期"五面红旗"及其具体事迹。 ……… 3
6. 大庆投产的第一口油井和试注成功的第一口水井各是什么? ……………………………………………………… 4
7. 会战时期讲的"三股气"是指什么? ………………… 4
8. 什么是"九热一冷"工作法? ………………………… 4
9. 什么是"三一"、"四到"、"五报"交接法? ………… 4
10. 大庆油田原油年产5000万吨以上持续稳产的时间是哪年? ……………………………………………………… 5
11. 中国石油天然气集团公司核心经营管理理念是什么? ………………………………………………………… 5
12. 中国石油天然气集团公司企业精神是什么? ……… 5
13. 新时期新阶段三基工作的基本内涵是什么? ……… 5
14. "十二五"时期,中国石油天然气集团公司全面推进三基工作新的重大工程的总体思路是什么? ………… 6
15. 中国石油天然气集团公司全面推进三基工作新的重大工程的主要目标是什么? ……………………………… 6

二、职业道德 ……………………………………………… 6
(一) 名词解释 …………………………………………… 6
1. 道德 …………………………………………………… 6
2. 职业道德 ……………………………………………… 6
3. 爱岗敬业 ……………………………………………… 6
4. 诚实守信 ……………………………………………… 6
5. 劳动纪律 ……………………………………………… 7
(二) 问答 ………………………………………………… 7
1. 社会主义精神文明建设的根本任务是什么? ……… 7
2. 我国社会主义思想道德建设的基本要求是什么? … 7

3. 为什么要遵守职业道德? ……………………………… 7
4. 爱岗敬业的基本要求是什么? ………………………… 7
5. 诚实守信的基本要求是什么? ………………………… 8
6. 职业纪律的重要性是什么? …………………………… 8
7. 合作的重要性是什么? ………………………………… 8
8. 奉献的重要性是什么? ………………………………… 8
9. 奉献的基本要求是什么? ……………………………… 8
10. 企业员工应具备的职业素养是什么? ………………… 8
11. 培养"四有"职工队伍的主要内容是什么? ………… 8
12. 如何做到团结互助? …………………………………… 8
13. 职业道德行为养成的途径和方法是什么? …………… 9
14. 中国石油天然气集团公司员工职业道德规范具体内容是什么? ……………………………………………………… 9
15. 对违纪员工的处理原则是什么? ……………………… 9
16. 对员工的奖励包括哪几种? …………………………… 9
17. 对员工的行政处分包括哪几种? ……………………… 10
18. 《中国石油天然气集团公司反违章禁令》有哪些规定? …………………………………………………………… 10

第二部分 基础知识

一、专业知识 …………………………………………… 11
（一）名词解释 ………………………………………… 11
1. 石油 ………………………………………………… 11
2. 石油的相对密度 …………………………………… 11
3. 油气藏 ……………………………………………… 11
4. 工业油气藏（田） ………………………………… 11
5. 储油层 ……………………………………………… 11

6. 井	11
7. 油气井	12
8. 直井	12
9. 定向井	12
10. 水平井	12
11. 井壁	12
12. 环空	12
13. 井眼轴线	12
14. 钻台	12
15. 井下作业设备	12
16. 井架	12
17. 指重表	12
18. 水龙头	12
19. 转盘	12
20. 吊环	13
21. 吊卡	13
22. 钻井泵	13
23. 水龙带	13
24. 套管四通	13
25. 油管四通	13
26. 套管阀门	13
27. 生产阀门	13
28. 总阀门	13
29. 顶丝	13
30. （大）鼠洞	13
31. 井口工具	13
32. 卡瓦	13

33. 方补心 ··· 13
34. 抽油杆 ··· 14
35. 光杆 ··· 14
36. 油管 ··· 14
37. 方钻杆 ··· 14
38. 钻杆 ··· 14
39. 尾管 ··· 14
40. 筛管 ··· 14
41. 导管 ··· 14
42. 技术套管 ··· 14
43. 油层套管 ··· 14
44. 井身结构 ··· 14
45. 水泥返高 ··· 14
46. 完钻井深 ··· 14
47. 套管深度 ··· 15
48. 人工井底 ··· 15
49. 沉砂口袋 ··· 15
50. 联顶节方入（联入） ································· 15
51. 油补距 ··· 15
52. 套补距 ··· 15
53. 射开油层顶部深度 ··································· 15
54. 射开油层底部深度 ··································· 15
55. 中和点 ··· 15
56. 井史 ··· 15
57. 动液面 ··· 15
58. 静液面 ··· 15
59. 脱接器 ··· 15

60. 气锚 …… 16
61. 砂锚 …… 16
62. 封隔器 …… 16
63. 桥塞 …… 16
64. 静水柱压力 …… 16
65. 原始地层压力 …… 16
66. 目前地层压力 …… 16
67. 油管压力 …… 16
68. 套管压力 …… 16
69. 地层破裂压力 …… 16
70. 抽汲压力 …… 16
71. 激动压力 …… 16
72. 压力梯度 …… 16
73. 含水率 …… 16
74. 大修 …… 16
75. 井下作业 …… 17
76. 修井 …… 17
77. 作业设计 …… 17
78. 开工准备 …… 17
79. 立井架 …… 17
80. 穿大绳 …… 17
81. 校井架 …… 17
82. 安全检查 …… 17
83. 起下管柱 …… 17
84. 组配管柱 …… 17
85. 压井 …… 17
86. 压井液 …… 17

87. 挤注法压井 …… 18
88. 替喷 …… 18
89. 二次替喷 …… 18
90. 探砂面 …… 18
91. 冲砂 …… 18
92. 冲砂液 …… 18
93. 反冲砂 …… 18
94. 正冲砂 …… 18
95. 正反冲砂 …… 18
96. 冲管冲砂 …… 18
97. 洗井 …… 18
98. 套管刮削 …… 19
99. 通井 …… 19
100. 刮蜡 …… 19
101. 套管外窜槽 …… 19
102. 找窜 …… 19
103. 机械法验窜 …… 19
104. 井下事故处理 …… 19
105. 坐封 …… 19
106. 验封 …… 19
107. 解封 …… 19
108. 打捞 …… 19
109. 卡钻 …… 19
110. 砂卡 …… 20
111. 落物卡 …… 20
112. 套管变形卡 …… 20
113. 卡点 …… 20

114. 活动解卡 …… 20
115. 落鱼 …… 20
116. 鱼顶 …… 20
117. 探鱼 …… 20
118. 摸鱼 …… 20
119. 方入 …… 20
120. 方余 …… 20
121. 套管变形损坏 …… 20
122. 套管断错损坏 …… 21
123. 侧钻 …… 21
124. 工程测井 …… 21
125. 磁性定位测井 …… 21
126. 井径测井 …… 21
127. 射孔 …… 21
128. 正压射孔 …… 21
129. 负压射孔 …… 21
130. 补孔 …… 21
131. 初凝 …… 21
132. 初凝时间 …… 21
133. 终凝 …… 22
134. 终凝时间 …… 22
135. 凝结时间 …… 22
136. 固井 …… 22
137. 取换套 …… 22
138. 套铣头 …… 22
139. 断口 …… 22
140. 侧斜修井 …… 22

141. 测量井深 ·········· 22
142. 井斜角 ·········· 22
143. 方位角 ·········· 22
144. 风险评价 ·········· 22
145. 垂直井深 ·········· 23
146. 闭合距 ·········· 23
147. 闭合方位 ·········· 23
148. 井斜变化率和方位变化率 ·········· 23
149. 方位提前角（或导角） ·········· 23
150. 狗腿严重度 ·········· 23
151. 井底压差 ·········· 23
152. 井径 ·········· 23
153. 造斜点 ·········· 23
154. 含砂量 ·········· 23
155. 滤失量 ·········· 23
156. 滤饼 ·········· 23
157. 冲程 ·········· 24
158. 冲数 ·········· 24
159. 射孔完井法 ·········· 24
160. 油气侵 ·········· 24
161. 水泥浆失水量 ·········· 24
162. 井控 ·········· 24
163. 井侵 ·········· 24
164. 溢流 ·········· 24
165. 井涌 ·········· 24
166. 井喷 ·········· 24
167. 井喷失控 ·········· 24

168. 气侵 ········· 24
169. 硬关井 ········· 24
170. 软关井 ········· 25
171. "三高"油气井 ········· 25
172. 井控设备 ········· 25
173. 防喷器 ········· 25
174. 内防喷工具 ········· 25
175. 不压井作业 ········· 25
176. 硫化氢 ········· 25
177. 初级井控 ········· 25
178. 二级井控 ········· 25
179. 三级井控 ········· 25
180. 压力系数 ········· 25
181. 异常高压 ········· 26
182. 异常低压 ········· 26
183. 爆炸极限 ········· 26
184. 一级井喷事故 ········· 26
185. 二级井喷事故 ········· 26
186. 三级井喷事故 ········· 26
187. 四级井喷事故 ········· 26
188. 高压油气井 ········· 26
189. 近平衡压力 ········· 26
190. 高含硫油气井 ········· 26
（二）问答 ········· 27
1. 作业机用途是什么？ ········· 27
2. 作业机的基本组成包括什么？ ········· 27
3. 井架的种类及使用范围有哪些？ ········· 27

4. 井架天车的结构由什么组成？……………………… 27
5. 井架游动滑车的结构由什么组成？………………… 27
6. 井架大钩的结构组成包括什么？…………………… 27
7. 井架大钩的作用是什么？…………………………… 27
8. 转盘的作用和分类有哪些？………………………… 28
9. 钢丝绳的用途是什么？……………………………… 28
10. 钢丝绳种类有哪些？……………………………… 28
11. 钢丝绳强度分为几级？…………………………… 28
12. 钢丝绳的使用要求是什么？……………………… 28
13. 吊环的作用和使用注意事项是什么？…………… 29
14. 吊卡的结构形式、组成及其特点是什么？……… 29
15. 水龙带的结构组成是什么？……………………… 30
16. 水龙头在使用过程中如何维护保养？…………… 30
17. 采油树用途是什么？……………………………… 30
18. 采油树连接方式有哪几种？……………………… 30
19. 井口装置的作用是什么？………………………… 30
20. 井口装置由什么组成？…………………………… 31
21. 套管头用途是什么？……………………………… 31
22. 油管头用途是什么？……………………………… 31
23. 管钳的作用是什么？……………………………… 31
24. 管钳的保养及使用注意事项主要有哪些？……… 31
25. 喇叭口有什么作用？……………………………… 32
26. 液压钳由哪些主要部件组成？…………………… 32
27. 作业施工中应有哪几项设计？…………………… 32
28. 井架基础的要求有哪些？………………………… 32
29. 井架绷绳的选用标准是什么？…………………… 32
30. 地锚的选用标准是什么？………………………… 33

31. 提升大绳的选用要求是什么? …………………… 33
32. 封井器的作用是什么? …………………………… 33
33. 封井器分哪几类? ………………………………… 33
34. 安全卡瓦的操作方法是什么? …………………… 33
35. 搬迁要求有哪些? ………………………………… 33
36. 交接井有哪些要求? ……………………………… 34
37. 井场安全标识要求有哪些? ……………………… 35
38. 作业机就位有哪些要求? ………………………… 35
39. 搭管杆桥的要求是什么? ………………………… 35
40. 提升系统的安全检查路线是什么? ……………… 36
41. 管式泵的结构是什么? …………………………… 36
42. 常用抽油杆分类是什么? ………………………… 36
43. 常规钢抽油杆的等级分为哪几种? ……………… 36
44. 超高强度抽油杆的特点是什么? ………………… 36
45. 下抽油杆柱作业规程有哪些? …………………… 37
46. 油管使用的注意事项都有什么? ………………… 37
47. 对下井油管有哪些要求? ………………………… 37
48. 钻杆的作用是什么? ……………………………… 38
49. 钻杆使用要求是什么? …………………………… 38
50. 起抽油杆作业规程有哪些? ……………………… 38
51. 起管柱作业规程有哪些? ………………………… 39
52. 组配管柱的程序是什么? ………………………… 39
53. 下管柱作业规程有哪些? ………………………… 39
54. 油管锚的作用和种类有什么? …………………… 40
55. 脱接器的使用方法是什么? ……………………… 40
56. 装采油树技术要求是什么? ……………………… 40
57. 什么是潜油电泵装置的标准管柱结构? ………… 40

58. 潜油电泵管柱的起下设备要求是什么？ ………… 40
59. 电缆起出作业要求是什么？ ………… 41
60. 偏心配水管柱结构及技术要求是什么？ ………… 41
61. 偏心配水管柱的主要特点是什么？ ………… 41
62. 扩张式封隔器使用条件及特点是什么？ ………… 41
63. 注水井封隔器释放的要求是什么？ ………… 41
64. 试述影响封隔器密封的原因有哪些？ ………… 42
65. 大修的目的和工作原则及方针是什么？ ………… 42
66. 压井方式的选择方法是什么？ ………… 42
67. 压井过程中的注意事项有哪些？ ………… 42
68. 优质压井液应具备什么特点？ ………… 43
69. 替喷的原理是什么？ ………… 43
70. 替喷的目的和作用是什么？ ………… 43
71. 替喷有哪些要求？ ………… 43
72. 为什么要探砂面？ ………… 44
73. 探砂面作业规程有哪些？ ………… 44
74. 什么情况下需要冲砂？ ………… 44
75. 通井的目的是什么？ ………… 44
76. 通井规的选择标准是什么？ ………… 44
77. 套管刮削器的用途有哪些？ ………… 44
78. 什么是封隔器找窜？ ………… 45
79. 什么是封隔器验窜？ ………… 45
80. 什么是套压法找窜？ ………… 45
81. 什么是套溢法找窜？ ………… 45
82. 油水井窜槽的危害是什么？ ………… 45
83. 油水井找窜的方法分为哪几种？ ………… 46
84. 低压井封隔器找窜的注意事项有哪些？ ………… 46

85. 高压井封隔器找窜的方法是什么？ ……… 46
86. 漏失井封隔器找窜的方法是什么？ ……… 46
87. 油井出水的原因有哪些？ ……………… 47
88. 机械找水有哪几种方法？ ……………… 47
89. 机械堵水一般有哪几种方式？ ………… 47
90. 油井堵水技术的分类有哪几种？ ……… 47
91. 机械采油井堵水管柱的分类有哪些？ … 47
92. 油井出砂的原因是什么？ ……………… 48
93. 修井作业常用的管阀配件包括哪些？ … 48
94. 套管损坏的原因有哪些？ ……………… 48
95. 套管损坏的危害性有哪些？ …………… 48
96. 套管损坏的类型有哪些？ ……………… 49
97. 铅模的用途和结构是什么？ …………… 49
98. 打铅模的注意事项有哪些？ …………… 49
99. 印痕分析有几种方法？ ………………… 49
100. 什么是印痕对比分析法？ …………… 49
101. 修井施工专用管材包括哪些？ ……… 50
102. 试提作业规程有哪些？ ……………… 50
103. 常见井下作业事故的类型有哪几种？ … 50
104. 井下落物的分类有哪些？ …………… 50
105. 修井工具按其使用特性分为哪几类？ … 50
106. 井下落物的预防措施有哪些？ ……… 51
107. 井下落物的处理方法有哪些？ ……… 51
108. 处理常规卡钻事故的工艺使用工具有哪些？ … 51
109. 测定卡点有何意义？ ………………… 51
110. 打捞井下落物的原则是什么？ ……… 51
111. 打捞井下落物应按照怎样的工序进行？ … 52

112. 打捞时安全环保控制措施有哪些？ …………… 52
113. 打捞小件落物应选用哪些工具？ ……………… 52
114. 安全接头的作用是什么？ ………………………… 52
115. 打捞管类落物的工具有哪些？ ………………… 52
116. 打捞杆类落物的工具有哪些？ ………………… 53
117. 打捞绳类落物的工具有哪些？ ………………… 53
118. 打捞小件落物的工具有哪些？ ………………… 53
119. 锥类打捞工具的用途及分类是什么？ ………… 53
120. 滑块捞矛的结构及用途有哪些？ ……………… 53
121. 滑块捞矛的工作原理是什么？ ………………… 53
122. 使用可退式打捞矛打捞落物之前应做哪些工作？
    ……………………………………………………… 53
123. 筒类打捞工具的分类有哪些？ ………………… 54
124. 筒类打捞工具的用途？ …………………………… 54
125. 卡瓦打捞筒的结构及用途有哪些？ …………… 54
126. 使用弯鱼头打捞筒打捞的注意事项有哪些？ … 54
127. 开窗打捞筒有哪些用途？ ………………………… 54
128. 开窗打捞筒如何实现打捞？ …………………… 54
129. 活页式打捞筒打捞杆类落物应当注意什么？ … 55
130. 弯鱼头打捞筒如何实现打捞？ ………………… 55
131. 可退式打捞筒的打捞特点是什么？ …………… 55
132. 抽油杆打捞筒的分类有哪些？ ………………… 55
133. 钩类打捞工具的分类有哪些？ ………………… 56
134. 螺旋式外钩的结构和用途是什么？ …………… 56
135. 钩类工具有哪些特点？ …………………………… 56
136. 打捞电潜泵电缆要注意哪些问题？ …………… 56
137. 使用外钩打捞绳类落物应注意哪些问题？ …… 56

138. 打捞绳类落物有哪些技术要求？ …………………… 56
139. 打通道工艺方法选择原则是什么？ …………………… 57
140. 套管整形类工具的分类有哪些？ …………………… 57
141. 平底磨鞋的磨铣工艺钻压的控制方法是什么？
 …………………………………………………………… 57
142. 磨铣中注意事项有哪些？ …………………………… 57
143. 套铣筒的用途和结构有哪些？ ……………………… 57
144. 套铣筒套铣的注意事项有哪些？ …………………… 58
145. 补贴加固的优缺点是什么？ ………………………… 58
146. 磨铣扩径修复套管适用范围是什么？ ……………… 58
147. 套管修复施工的井控要求有哪些？ ………………… 58
148. 套管修复的目的是什么？ …………………………… 59
149. 套管修复的方法和种类有哪些？ …………………… 59
150. 套损卡阻管柱及配件如何处理？ …………………… 59
151. 套损井治理的方法有几种？ ………………………… 59
152. 怎样活动管柱解除砂卡？ …………………………… 60
153. 在哪种情况下可以采取活动管柱法进行解卡？
 …………………………………………………………… 60
154. 怎样解除小件落物在环空卡阻管柱？ ……………… 60
155. 冲砂作业对修井机或泵车有哪些要求？ …………… 60
156. 如何利用活动解卡的方法处理电潜泵管柱被卡事故？ …………………………………………………… 60
157. 处理卡钻事故的技术要求有哪些？ ………………… 60
158. 造成水泥凝固卡的主要原因有哪些？ ……………… 61
159. 造成油水井层间或套管外窜通的原因是什么？
 …………………………………………………………… 61
160. 关井时注意哪些事项有哪些？ ……………………… 62

161. 永久报废的"四无"要求是什么？ …………… 62
162. 套铣钻头分为哪几种类型？ …………… 62
163. 套铣的施工步骤是什么？ …………… 62
164. 取套作业时，如何套铣井口以下水泥帽？ …… 62
165. 取套作业时，套铣有放气管井段水泥帽有哪几种方法？ …………………………………………… 63
166. 取套作业时，如何套铣无水泥封固井段？ …… 63
167. 取套作业时，为什么要适时取套？ …… 63
168. 取套作业时，如何套铣管外裸眼封隔器？ …… 63
169. 取换套作业时，如何套铣断口？ …………… 64
170. 取换套作业时，如何处理回接部位？ ………… 64
171. 钻具内防喷工具有几种？ …………… 64
172. 导管的作用是什么？ …………… 64
173. 表层套管的作用是什么？ …………… 64
174. 为什么会出现井漏？ …………… 64
175. 钻铤分为几种？ …………… 65
176. 侧斜井应用于哪几方面？ …………… 65
177. 侧斜修井的主要技术指标是什么？ …………… 65
178. 目前大庆油田侧斜井选用的井身剖面是什么？
………………………………………………… 65
179. 侧斜井施工中的钻具结构是什么 …………… 65
180. 侧斜井施工中，井漏的危害有哪些？ ………… 66
181. 侧斜井施工中，井塌可能产生的后果有哪些？
………………………………………………… 66
182. 侧斜井施工中，卡钻有哪些种类？ …………… 67
183. 侧斜井施工中，滤饼的形成有哪三种原因？ …… 67
184. 侧斜井施工中，泵压上升的原因有哪些？ …… 67

185. 在取套和侧斜施工中，钻井泵在工作时存在排量与压力波动，会造成什么后果？ …… 67

186. 侧斜工艺对修井设备的要求主要有哪些？ …… 68

187. 侧斜井施工中，新钻头入井后要注意些什么？为什么？ …… 68

188. 侧斜井施工中，钻具上扣时为什么要按照规定的扭矩要求上扣？ …… 68

189. 侧斜井施工中，如何测量牙轮钻头规径的磨损？ …… 68

190. 侧斜井施工中，钻柱在井内受哪些力的作用？ …… 69

191. 侧斜井施工中，稳定器（扶正器）用途有哪些？ …… 69

192. 侧斜井施工中，牙轮钻头下井前应当做哪些检查？ …… 69

193. 侧斜井施工中，牙轮钻头起出后，通常要对钻头进行哪些检查与分析？ …… 69

194. 侧斜井施工中，使用 PDC 钻头或牙轮钻头进尺较多的情况下，进行短途起下钻都有哪些好处？ …… 70

195. 侧斜井施工中，卡钻的类型通常分几种？ …… 70

196. 侧斜井施工中，什么叫钻柱中和点？ …… 70

197. 侧斜井施工中，非磁钻铤用途是什么？ …… 70

198. 侧斜井施工中，起下钻速度太快都有哪些害处？ …… 70

199. 侧斜井施工中，下套管之前都应做好哪些准备工作？ …… 71

200. 侧斜井施工中，在往套管内灌钻井液时，有时候

会有大量气泡返出,甚至会喷出几米高,这是否是井喷预告?如何处理? ………………………………………… 71
 201. 侧斜井施工中,浮箍的作用是什么? ………… 72
 202. 侧斜井施工中,通井划眼的作用是什么? …… 72
 203. 侧斜井施工中,下套管时为什么要及时灌浆?
………………………………………………………… 73
 204. 套管在油井中所起的作用是什么? …………… 73
 205. 在套管柱上安装扶正器有哪些好处? ………… 73
 206. 在取套和侧斜井施工中,振动筛的工作原理是什么? ……………………………………………………… 73
 207. 侧斜井施工中,如何区分除泥器和除砂器? …… 74
 208. 侧斜井施工中,钻井液中的固相分哪几类? …… 74
 209. 侧斜井施工中,"三除一筛"指的是什么? …… 74
 210. 侧斜井施工中,含砂量高有哪些危害? ……… 74
 211. 侧斜井施工中,影响岩屑携带的几个因素是什么?
………………………………………………………… 74
 212. 侧斜井施工中,起钻为什么要灌钻井液? …… 74
 213. 侧斜井施工中,长时间停工后下钻为什么要中途顶钻井液或循环钻井液? ……………………………… 74
 214. 水泥浆过多失水会产生哪些后果? …………… 75
 215. 注塞或挤水泥前,对油井水泥有哪些要求? … 75
 216. 套管外窜槽的原因是什么? …………………… 75
 217. 地层窜通的原因是什么? ……………………… 76
 218. 声幅测井找窜时,声波幅度的衰减与哪些因素有关? ……………………………………………………… 76
 219. 声幅曲线幅度的高与低说明什么? …………… 76
 220. 机械式内割刀的使用方法是什么? …………… 77

221. 水力式外割刀的工作原理是什么? …………… 77
222. 压井方式的选择方法是什么? ………………… 77
223. 注水井关井降压的要求是什么? ……………… 78
224. 常见井下作业事故的类型有哪几种? ………… 78
225. 完井方法有哪几种? …………………………… 78
226. 射孔的目的是什么? …………………………… 78
227. 井身结构的组成是什么? ……………………… 78
228. 导管及其作用是什么? ………………………… 78
229. 表层套管及其作用是什么? …………………… 78
230. 技术套管及其作用是什么? …………………… 78
231. 油层套管及其作用是什么? …………………… 79
232. 硫化氢的特性有哪些? ………………………… 79
233. 防喷器按额定工作压力共分哪五个等级? …… 79
234. 防喷器压力等级选用的原则是什么? ………… 79
235. 防喷设备选择主要考虑哪三个因素? ………… 79
236. 手动闸板防喷器主要组成是什么? …………… 79
237. 内防喷工具按安装位置可分为哪几种? ……… 79
238. SFZ18-21 的含义是什么? …………………… 80
239. 井下作业井控规定对放喷管线安装有何要求?
 ……………………………………………………… 80
240. 井喷失控的主观原因是什么? ………………… 80
241. 井喷发生后的安全处理措施有哪些? ………… 80
242. 现场井控装备的安装、试压、检验要求是什么?
 ……………………………………………………… 81
243. 作业过程中井控工作的主要内容是什么? …… 82
244. 闸板防喷器的作用是什么? …………………… 82
245. 闸板防喷器有哪几处密封起作用才能有效密封井

口？ ……………………………………………………………… 82
246. 自封封井器在井下作业中的作用是什么？ …… 82
247. 井下作业队施工前应做好哪些井控准备工作？
……………………………………………………………… 82
248. 软关井的优缺点有哪些？ …………………… 83
249. 硬关井的优缺点有哪些？ …………………… 83
250. 井控设备的功用有哪些？ …………………… 84
251. 防喷器每使用完一口井都要进行全面的清理、检查，检查内容包括哪些？ …………………………… 84
252. 油管旋塞阀安装使用有什么要求？ ………… 84
253. 起下管柱作业应做好哪些井控工作？ ……… 84
254. 做好井控工作的重要意义是什么？ ………… 85
255. 中国石油天然气集团公司制定《石油与天然气井下作业井控规定》的目的是什么？ ………………… 85
256. 井控工作需要油气田哪些部门有组织地协调进行？
……………………………………………………………… 85
257. 中国石油天然气集团公司的井控工作方针是什么？
……………………………………………………………… 85
258. 井控设备主要由哪几部分组成？ …………… 85
259. 井下作业井控培训时间是多少天？井控培训合格证有效期是几年？ ……………………………………… 85
260. 在制定应急计划主要考虑哪三个方面的问题？
……………………………………………………………… 85
261. 防喷演习记录包括哪些内容？ ……………… 86
262. 地层压力与井底压力失去平衡后井下和井口会依次出现哪些现象？ ……………………………………… 86
263. 现场上常用的压井方法有哪三种？ ………… 86

264. 影响压井成败的三个主要因素是什么？ …… 86
265. 锥形胶芯环形防喷器顶盖与壳体连接主要有哪几种形式？ …… 86
266. 闸板防喷器按驱动方式可分为哪几类？ …… 86
267. 闸板防喷器按闸板数量可分为哪几类？ …… 86
268. 环形防喷器按胶芯类型可分为哪几类？ …… 86
269. 液压闸板防喷器闸板总成主要由哪几部分组成？ …… 86
270. 液压闸板防喷器闸板锁紧装置主要有哪几种？ …… 87
271. 电缆井口防喷器的连接形式有几种？ …… 87
272. 井口加压控制装置包括哪几部分？ …… 87
273. 对于地层漏失严重又无管柱的井，应选择哪种压井方式？ …… 87
274. 按井下受控状态井控分为哪几级？ …… 87
275. 井下作业对防喷器的要求有哪些？ …… 87
276. 在油水井维护性作业时应选用什么井控装备？ …… 87
277. 按规定哪些人员需持井下作业井控操作证上岗？ …… 88
278. 起下作业时对井控的要求是什么？ …… 88
279. 液压闸板防喷器组成是什么？ …… 88
280. 环形防喷器作用是什么？ …… 88
281. 手动单闸板防喷器的基本技术参数有哪些？ …… 89
282. 节流管汇的作用是什么？ …… 89
283. 压井管汇的作用是什么？ …… 89
284. 井下作业地质设计中主要包括哪些井控内容？

.... 90

285. 井下作业工程设计中井控内容及要求包括哪些？
.... 90

286. 井下作业施工设计中井控内容及要求包括哪些？
.... 90

287. 井控设计的意义是什么？ ………………… 90

288. 工程设计中对油层套管压力控制设计有哪些要求？
.... 91

289. 地层压力的四种表示方法是什么？ ……… 91
290. 井控装备在使用中的要求是什么？ ……… 91
291. 影响抽吸压力的主要因素？ ……………… 91
292. 天然气泡侵入井内的特点是什么？ ……… 92
293. 井喷后抢救过程中的人身安全防护措施有哪些？
.... 92

294. 井控例会制度有哪些要求？ ……………… 92
295. 井控装置和井口装置的区别在哪里？ …… 93
296. 什么是地面防喷器控制装置？ …………… 93
297. 井下作业工程设计中关于压井液的要求是什么？
.... 93

298. 起下油管过程中产生溢流的征兆有哪些？ … 93
299. 压井过程中产生溢流的征兆有哪些？ …… 93
300. 起下管柱时发生溢流的关井程序是什么？ … 94
301. 什么是高危地区油气井？ ………………… 94
302. 井控装备在井控车间的试压、检验是如何要求的？
.... 94

303. 要搞好井控工作，必须全面系统地抓好哪五个环节？ ………………………………………… 94

304. 节流管汇和压井管汇上的阀件主要有哪些? …… 95
305. 什么是限制区域进入程序? ……………………… 95
306. 大庆油田井控工作特点有哪些? ………………… 95
307. 环形防喷器不利于长期关井的原因是什么? …… 95
308. 井喷失控的危害有哪些? ………………………… 95
309. 关井时最关键的问题是什么? …………………… 96
310. 起管过程中,灌修井液的规定是什么? ………… 96
311. 最大允许关井套压如何确定? …………………… 96
312. 在地层压力一定的条件下,若修井液密度升高,井底压差将如何变化? ……………………………… 96
313. 抽汲压力发生在哪种工况下?井底压力如何变化? ……………………………………………………… 96
314. 激动压力发生在何种工况下?井底压力如何变化? ……………………………………………………… 96
315. 闸板防喷器进行封井时,有哪几处密封? …… 96
316. 闸板防喷器的锁紧装置有什么作用? ………… 97
317. 闸板防喷器长期封井后如何开井? …………… 97
318. 长期封井必须使用闸板防喷器,为什么? …… 97
319. 控制系统标牌上的 FKQ4005 表示什么意思? … 97
320. 什么类型的防喷器配置手动锁紧装置? ……… 97
321. 闸板防喷器关井后,手动锁紧不到位的后果是什么? ……………………………………………………… 97
322. 闸板防喷器 2FZ35-35 表示什么意思? ……… 97
323. 天然气的特性是什么? ………………………… 98
324. 作业施工现场设备使用管理的"三懂"、"四会"内容是什么? …………………………………………… 98
325. 用环形防喷器关井时起下钻具应注意什么? … 98

326. 带机械锁紧装置的液压防喷器，若手动"解锁"未到位，其后果如何？ …………………………………… 98
327. 压井时必须采取哪些措施保护产层？ ………………… 98
328. 确定地层压力方法有哪些？ …………………………… 98
329. 压井液分为哪几类？ …………………………………… 99
330. 压井液在使用过程中要具备哪些功能？ ……………… 99
331. 压井液性能被破坏的主要原因有哪些？ ……………… 99
332. 冲砂作业应做好哪些井控工作？ ……………………… 99
333. 使用闸板防喷器的注意事项有哪些？ ……………… 100
334. 按规定要求什么情况下必须安装防喷器、放喷管线和压井管线？ ……………………………………… 100
335. 侧斜井施工中，关井时注意哪些事项有哪些？
……………………………………………………………… 100
336. 侧斜井施工中，井控工作包括哪些内容？ ………… 100
337. 侧斜井施工确定钻井液密度的原则是什么？ ……… 101
338. 侧斜井施工中，溢流发生的原因是什么？ ………… 101
339. 侧斜井施工中，溢流显示有哪些？ ………………… 101
340. 侧斜井施工中，打开油、气层前的准备工作有哪些？ ……………………………………………………… 101
341. 侧斜井施工中，发现溢流后，迅速关井有哪些好处？ ……………………………………………………… 102
342. 侧斜井施工中，如何才能做到及早发现溢流？
……………………………………………………………… 102
343. 侧斜井施工中，"四·七"动作是什么？ ………… 102
344. 侧斜井施工中，减少波动压力的措施有哪些？
……………………………………………………………… 103
345. 侧斜井施工中，井底压力各包括哪些压力？ … 104

346. 侧斜井施工中，检查起钻是否发生抽汲的方法有什么？ …………………………………………………………… 104

347. 侧斜井施工中，为什么下钻时容易引起井漏，起钻时容易引起井喷？ ………………………………………… 104

348. 侧斜井施工中，钻入高压油、气层后钻速为什么会增快？ …………………………………………………… 105

349. 侧斜井施工中，钻入高压油、气层后为什么常常会出现泵压下降现象？ …………………………………… 105

350. 侧斜井施工中，压井时为什么要采用小排量？正常压井排量为多少？ ………………………………………… 105

351. 侧斜井施工中，井控装置由哪几部分组成？ … 105

352. 井控的主要目的是什么？ …………………… 106

353. 气井为何比油井更易发生井喷？ …………… 106

354. 闸板防喷器整体上、下颠倒安装使用能否有效封井？ …………………………………………………………… 106

355. 闸板防喷器封井后，突然发现侧门底部观察孔有钻井液溢漏，原因是什么？应采取什么紧急措施？ ……… 106

356. 带机械锁紧装置的液压防喷器，当液压失效，采用手动封井时，远程台上的三位四通阀应处于什么位置？否则如何？ ……………………………………………… 107

357. 液压闸板防喷器处于关井状态，现需开井，但发现打不开，原因是什么？ ………………………………… 107

358. 关闭手动平板阀到位后，要回转1/2~1圈，为什么？ …………………………………………………………… 107

359. 控制系统中的储能器预充的是什么气体？充气压力是多少？ ………………………………………………… 107

360. 井口装置试压有哪两种方法？ …………… 107

361. 什么是允许最大关井压力？ ………………… 107
362. 若套管下深是200m（900m、1500m、2400m），允许最大关井压力是什么？ ……………………………… 107
363. 侧斜井施工中，失去压力平衡的原因是什么？
……………………………………………………… 108
364. 侧斜井施工中，防止起钻抽汲引起井喷的措施是什么？ ……………………………………………… 108
365. 井控设备的哪些部件及连接件容易失效？ …… 108
366. 井控装置安装时需要把好几道关口？ ………… 108
367. 如何判断空气包压力正常？气囊完好？ ……… 109
368. 压井的基本原理是什么？ ……………………… 109
369. 当储能器没有压力，发生溢流，怎样操作远控台实现关井？ ……………………………………… 109
370. 当手动锁紧装置锁紧闸板后，怎样泄掉关闭腔油缸内的油压？ ……………………………………… 110
371. 固井候凝过程中，有哪些因素使井内液柱压力降低，可采取什么措施？ ………………………… 110
372. 下套管时，为什么要先灌满钻井液再开泵循环？
……………………………………………………… 110
373. 固井时，如何判断井口外溢是属于水泥热胀造成，还是属于地层发生溢流的外溢？ ……………… 110
374. 什么是工程师法压井？ ………………………… 110
375. 什么是司钻法压井？ …………………………… 111
376. 什么是置换式压井法？ ………………………… 111
377. 什么是顶部压井法？ …………………………… 111
378. 什么是井控工作的最关键环节？ ……………… 111
379. 井下作业井控工作的内容是什么？ …………… 111

380. 井控工作七项管理制度分别是什么？ …………… 111
381. 井控装备主要包括哪些设备？ ………………… 112
382. 防喷演习过程中警报声分为哪三种？ ………… 112
383. 油田的主要井控风险有哪些？ ………………… 112
384. 规定要求什么情况下必须安装防喷器、放喷管线和压井管线？ …………………………………………… 112
385. 溢流产生的主要原因是什么？ ………………… 112
386. 压井要保护油气层，选择压井液要遵守的原则是什么？ ……………………………………………………… 112
387. 造成压井失败的主要因素是什么？ …………… 113

二、HSE 知识 …………………………………… 113

（一）名词解释 ……………………………… 113

1. 保护接地 ………………………………… 113
2. 特种作业 ………………………………… 113
3. 高空作业 ………………………………… 113
4. 动土作业 ………………………………… 113
5. 动火作业 ………………………………… 113

（二）问答 ……………………………………… 113

1. 修井施工现场存在的主要风险有哪些？ ……… 113
2. 作业工现场中的警示标识有哪些？ …………… 114
3. 动火作业前应对现场做哪些核查？ …………… 114
4. 作业施工如何报火警？ ………………………… 114
5. 修井现场消防器材如何配置？ ………………… 114
6. 动火作业时，氧气、乙炔瓶的间距是多少？ …… 115
7. 当发现作业现场营房房体带电时，正确的做法是什么？ ……………………………………………………… 115

8. 营房保护接地电阻，电器设备保护接地电阻各是多少？ ………………………………………………………… 115

9. 临时用电管理要求是什么？ ………………… 115

10. 什么是作业现场反送电现象及反送电的危害是什么？ …………………………………………………………… 116

11. 配电箱的安放标准是什么？ ………………… 116

12. 配电箱操作应注意什么？ …………………… 116

13. 作业施工中造成土壤破坏和植被污染的隐患有哪些？ ……………………………………………………………… 117

14. 进入受限空间作业的主要风险有哪些？ …… 117

15. 修井队的监测报警装置有哪些？ …………… 117

16. 修井队的保护装置有哪些？ ………………… 117

17. 修井队健康防护设施有哪些？ ……………… 117

18. 个人防护设施、装备等硫化氢防护设备设施的配备和管理要求是什么？ ………………………………………… 118

19. 装卸、使用危险化学品时应注意哪些？ …… 118

20. 作业施工中造成倒井架事故的隐患有哪些？ …… 118

21. 井控装备主要包括哪些设备？ ……………… 119

22. 防喷演习过程中警报声分为哪三种？ ……… 119

23. 溢流产生的主要原因是什么？ ……………… 119

24. 井喷失控的主观原因是什么？ ……………… 120

25. 井喷发生后的安全处理措施有哪些？ ……… 120

26. 现场井控装备的安装、试压、检验要求是什么？ ……………………………………………………………… 120

27. 修井施工现场设备设施应如何布置？ ……… 121

28. 修井起下管柱作业的主要风险有哪些？ …… 122

29. 使用液压钳时应注意什么？ ………………… 122

30. 锅炉点火、停炉的程序是什么？ …………… 123

31. 中国石油天然气集团公司起重作业"十不吊"是什么？ ………………………………………………… 124

32. 整形、活动管柱作业的主要风险有哪些？ ……… 124

33. 转盘（旋转）、套铣、磨铣、造扣作业的主要风险有哪些？ ……………………………………………… 124

34. 冲砂、压井、验漏作业的主要风险有哪些？ …… 125

35. 加固作业的主要风险有哪些？ ………………… 125

第三部分 基本技能

一、操作技能 …………………………………………… 126

1. 穿提升大绳操作 ………………………………… 126
2. 安装井口装置操作 ……………………………… 128
3. 测量、计算油补距和套补距操作 ……………… 129
4. 校正井架操作 …………………………………… 130
5. 吊装液压油管钳操作 …………………………… 131
6. 接洗压井管线操作 ……………………………… 133
7. 洗井操作 ………………………………………… 134
8. 安装井口防喷器操作 …………………………… 135
9. 排放、丈量油管，计算油管累计长度操作 …… 136
10. 画管柱结构示意图 ……………………………… 137
11. 液压钳操作 ……………………………………… 138
12. 管钳地面上卸扣操作 …………………………… 140
13. 使用大锤操作 …………………………………… 141
14. 下油管操作 ……………………………………… 142
15. 抽油杆卸扣操作 ………………………………… 143

16. 反循环压井操作 …………………………………… 144
17. 一次替喷操作 ……………………………………… 145
18. 通井操作 …………………………………………… 147
19. 刮削套管操作 ……………………………………… 147
20. 套管刮蜡操作 ……………………………………… 149
21. 常规冲砂操作 ……………………………………… 150
22. 铅模打印操作 ……………………………………… 152
23. 胀管器冲胀操作 …………………………………… 153
24. 磨铣落鱼操作 ……………………………………… 154
25. 套铣筒套铣操作 …………………………………… 155
26. 使用公锥打捞操作 ………………………………… 156
27. 使用滑块捞矛打捞操作 …………………………… 158
28. 使用可退式捞矛打捞操作 ………………………… 159
29. 使用卡瓦捞筒打捞操作 …………………………… 160
30. 使用抽油杆捞筒打捞操作 ………………………… 161
31. 使用三球打捞器打捞操作 ………………………… 162
32. 使用倒扣捞筒打捞操作 …………………………… 162
33. 使用螺旋式外钩打捞操作 ………………………… 163
34. 使用磁力打捞器打捞操作 ………………………… 164
35. 使用机械式内割刀切割作业 ……………………… 165
36. 漏斗黏度计测量钻井液黏度操作 ………………… 166
37. 密度计测量钻井液密度操作 ……………………… 167
38. 远程控制台上实施关井操作 ……………………… 168
39. 安装牙轮钻头水眼操作 …………………………… 169
40. 卡活绳操作 ………………………………………… 170
41. 裸眼段取套套铣操作 ……………………………… 170
42. 切割打捞取套操作 ………………………………… 172

43. 使用螺杆钻具定向侧斜操作 ·············· 173
45. 打侧斜水泥塞操作 ·············· 175
46. 反循环打捞篮打捞操作 ·············· 176

二、常见故障判断处理 ·············· 177

1. 砂卡有什么现象？原因有哪些？如何处理？ ····· 177
2. 落物卡有什么现象？原因有哪些？如何处理？ ··· 178
3. 套变卡有什么现象？原因有哪些？如何处理？ ··· 179
4. 液压钳故障有什么现象？原因有哪些？如何处理？
·············· 180
5. 管柱下井过程中遇阻有什么现象？原因有哪些？如何处理？ ·············· 181
6. 油井蜡堵有什么现象？原因有哪些？如何处理？
·············· 182
7. 提升大绳跳槽有什么现象？原因有哪些？如何处理？
·············· 184
8. 潜油电泵电缆卡有什么现象？原因有哪些？如何处理？ ·············· 185
9. 起下油管产生溢流什么现象？原因有哪些？如何关井控制溢流？ ·············· 186
10. 起管柱过程中出现油管脱落有什么现象？原因有哪些？如何处理？ ·············· 188
11. 冲砂时卡钻有什么现象？原因有哪些？如何处理？
·············· 189
12. 水泥凝固卡钻（焊管柱）的原因的有哪些？ ····· 189
13. 提拉测卡的具体方法是什么？ ·············· 190

14. 震击解卡的具体操作步骤是什么？ ………… 190
15. 爆炸松扣的具体操作方法是什么？ ………… 192
16. 取套施工中套铣卡钻的原因及预防措施有哪些？
…………………………………………………… 192
17. 取套施工中下示踪管柱的具体操作是什么？ …… 193
18. 取套施工中如何用喇叭口套铣钻头收引下断口？
…………………………………………………… 194
19. 膨胀管加固施工中应注意什么？ ……………… 194
20. 燃气动力加固施工中应注意什么？ …………… 195
21. 打捞操作时需要注意什么？ …………………… 196
22. 冲胀整形工艺有哪些技术要点？ ……………… 196
23. 磨铣整形工艺有哪些技术要点？ ……………… 197
24. 电泵井打捞工艺的技术要点有哪些？ ………… 198
25. 工程报废技术要点有哪些？ …………………… 198
26. 粘吸卡钻有什么现象？原因有哪些？如何处理？
…………………………………………………… 199
27. 侧斜井下钻遇阻有什么现象？原因有哪些？如何处理？ …………………………………………… 200
28. 侧斜井完钻后起钻遇卡有什么现象？原因有哪些？如何处理？ ………………………………………… 200
29. 钻进中钻具刺漏有什么现象，如何处理及预防？
…………………………………………………… 201
30. 发生井漏的主要原因有哪些？如何处理？ …… 202
31. 起钻时有时候钻杆内会返喷钻井液原因有哪些？如何处理？ ……………………………………… 203

32. 井塌有什么现象？原因有哪些？如何预防及处理？ ………………………………………………………… 203

33. 井斜的原因有哪些？如何控制井斜？如何处理井斜？ ………………………………………………………… 205

34. 发生掉钻头及牙轮事故有什么现象？原因有哪些？如何处理？ ……………………………………………… 206

第一部分 基本素养

一、企业文化

(一) 名词解释

1. 大庆精神：为国争光、为民族争气的爱国主义精神；独立自主、自力更生的艰苦创业精神；讲究科学、"三老四严"的求实精神；胸怀全局、为国分忧的奉献精神。

2. 铁人精神："为国分忧、为民族争气"的爱国主义精神；为"早日把中国石油落后的帽子甩到太平洋里去"，"宁肯少活20年，拼命也要拿下大油田"的忘我拼搏精神；为干革命"有条件要上，没有条件创造条件也要上"的艰苦奋斗精神；"要为油田负责一辈子"，"干工作要经得起子孙后代检查"，对技术精益求精，为革命"练一身硬功夫、真本事"的科学求实精神；"甘愿为党和人民当一辈子老黄牛"，不计名利，不计报酬，埋头苦干的奉献精神。

3. 艰苦奋斗的六个传家宝："人拉肩扛"精神，"干打垒"精神，"五把铁锹闹革命"精神，"缝补厂"精神，"回收队"精神，"修旧利废"精神。

4. 三老四严：对待革命事业，要当老实人，说老实话，办老实事；对待工作，要有严格的要求，严密的组织，严肃的态度，严明的纪律。

5. 四个一样：黑天和白天一个样，坏天气和好天气一个样，领导不在场和领导在场一个样，没有人检查和有人检查一个样。

6. 思想政治工作"两手抓"：抓生产从思想入手，抓思想从生产出发。这是大庆正确处理思想政治工作与经济工作关系的基本原则，也是大庆思想政治工作的一条基本经验。

7. 岗位责任制：岗位专责制、交接班制、巡回检查制、设备维修保养制、质量负责制、岗位练兵制、安全生产制、班组经济核算制。

8. 三基工作：以党支部建设为核心的基层建设，以岗位责任制为中心的基础工作，以岗位练兵为主要内容的基本功训练。

9. 四懂三会：懂设备性能、懂结构原理、懂操作要领、懂维护保养；会操作，会保养，会排除故障。

10. 五条要求：人人出手过得硬，事事做到规格化，项项工程质量全优，台台在用设备完好，处处注意勤俭节约。

11. 新时期铁人：王启民。

12. 大庆新铁人：李新民。

（二）问答

1. 简述大庆油田名称的由来。

1959年9月26日，建国十周年大庆前夕，位于黑龙江省原肇州县大同镇附近的松基三井喷出了具有工业价值的油流，为了纪念这个大喜大庆的日子，当时黑龙江省委第一书记欧阳钦同志建议将该油田定名为大庆油田。

2. 中共中央何时批准大庆石油会战？

1960年2月13日，石油工业部以党组的名义向中共中央、国务院提出了《关于东北松辽地区石油勘探情况和今后工作部署问题的报告》，1960年2月20日中共中央正式批准大庆石油会战。

3. 什么是"两论"起家？

1960年4月10日，大庆石油会战一开始，会战领导小组就以石油工业部机关党委的名义做出了《关于学习毛泽东同志所著〈实践论〉和〈矛盾论〉的决定》，号召广大会战职工学习毛泽东同志的《实践论》、《矛盾论》和毛泽东同志的其他著作，以马列主义、毛泽东思想指导石油大会战，用辩证唯物主义的立场、观点、方法，认识油田规律，分析和解决会战中遇到的各种问题。广大职工说，我们的会战是靠"两论"起家的。

4. 什么是"两分法"前进？

1964年，《人民日报》发表了《大庆精神大庆人》长篇通讯。毛泽东同志发出了"工业学大庆"的号召。当时，又正值毛泽东同志发表了《加强相互学习，克服固步自封、骄傲自满》。石油工业部党组根据油田实际抓住时机，及时在全体职工中进行了"两分法"教育。"两分法"的主要内容是：在任何时候，对任何事情，都要运用"两分法"。成绩越好，形势越好，越要一分为二。要坚持学"两点论"，反对"一点论"，坚持辩证法，反对形而上学，揭矛盾，找差距，戒骄戒躁，不断前进。

5. 简述会战时期"五面红旗"及其具体事迹。

"五面红旗"喻指大庆石油会战初期涌现的五位先进榜

样:王进喜、马德仁、段兴枝、薛国邦、朱洪昌。钻井队长王进喜带领队伍人拉肩扛抬钻机,端水打井保开钻,在发生井喷的危急时刻,奋不顾身跳下泥浆池,用身体搅拌泥浆制服井喷;钻井队长马德仁在泥浆泵上水管线冻结时,不畏严寒,破冰下泥浆池,疏通上水管线;钻井队长段兴枝在吊车和拖拉机不足的情况下,利用钻机本身的动力设施,解决了钻机搬家的困难;大庆油田第一个采油队队长薛国邦自制绞车,给第一批油井清蜡,又手持蒸汽管下到油池里化开凝结的原油,保证了大庆油田首次原油外运列车顺利起程;工程队队长朱洪昌在供水管线漏水时,用手捂着漏点,忍着灼烧的疼痛,让焊工焊接裂缝,保证了供水工程提前竣工。

6. 大庆投产的第一口油井和试注成功的第一口水井各是什么?

1960年5月16日,大庆第一口油井中7-11井投产;1960年10月18日,大庆油田第一口注水井7排11井试注成功。

7. 会战时期讲的"三股气"是指什么?

对一个国家来讲,就要有民气;对一个队伍来讲,就要有士气;对一个人来讲,就要有志气。三股气结合起来,就会形成强大的力量。

8. 什么是"九热一冷"工作法?

"九热一冷"工作法是大庆石油会战中创造的一种领导工作方法,指在一旬中,九天跑基层了解情况,一天坐下来分析研究工作中的经验教训。

9. 什么是"三一"、"四到"、"五报"交接法?

对重要的生产部位要一点一点地交接、对主要的生产数据要一个一个地交接、对主要的生产工具要一件一件地交接；交接班时应该看到的要看到、应该听到的要听到、应该摸到的要摸到、应该闻到的要闻到；交接班时报检查部位、报部件名称、报生产状况、报存在的问题、报采取的措施，开好交接班会议，会议记录必须规范完整。

10. 大庆油田原油年产5000万吨以上持续稳产的时间是哪年？

1976年至2002年，大庆油田实现原油年产5000万吨以上连续27年高产稳产，创造了世界同类油田开发史上的奇迹。

11. 中国石油天然气集团公司核心经营管理理念是什么？

诚信：立诚守信，言真行实；创新：与时俱进，开拓创新；业绩：业绩至上，创造卓越；和谐：团结协作，营造和谐；安全：以人为本，安全第一。

12. 中国石油天然气集团公司企业精神是什么？

爱国：爱岗敬业，产业报国，持续发展，为增强综合国力作贡献。创业：艰苦奋斗，锐意进取，创业永恒，始终不渝地追求一流。求实：讲求科学，实事求是，"三老四严"，不断提高管理水平和科技水平。奉献：职工奉献企业，企业回报社会、回报客户、回报职工、回报投资者。

13. 新时期新阶段三基工作的基本内涵是什么？

基层建设、基础工作、基本素质。基层建设是以党建、班子建设为主要内容的基层组织和队伍建设，是企业发展的重要保障；基础工作是以质量、计量、标准化、制度、流程等为主要内容的基础性管理，是企业管理的重要着力点；基本素质是以政治素养和业务技能为主要内容的员工素质与能力，是企业综合实力的重要体现。

14. "十二五"时期,中国石油天然气集团公司全面推进三基工作新的重大工程的总体思路是什么?

以科学发展观为指导,紧紧围绕建设综合性国际能源公司战略目标,突出主题主线主旨,坚持以人为本、公平效率,坚持求真务实、与时俱进,更加注重制度的建设和执行,更加注重流程的规范和控制,更加注重管理的绩效和创新,全面提升基层建设、基础管理水平和员工基本素质,为实现集团公司可持续发展奠定坚实基础。

15. 中国石油天然气集团公司全面推进三基工作新的重大工程的主要目标是什么?

基层组织坚强有力,基础管理科学规范,基本素质整体优良,HSE业绩显著提升,发展环境和谐稳定,服务型机关建设成效显著。

二、职业道德

(一) 名词解释

1. 道德: 是调节个人与自我、他人、社会和自然界之间关系的行为规范的总和。

2. 职业道德: 同人们的职业活动紧密联系的、符合职业特点要求的道德准则、道德情操与道德品质的总和。

3. 爱岗敬业: 爱岗就是热爱自己的工作岗位,热爱自己从事的职业;敬业就是以恭敬、严肃、负责的态度对待工作,一丝不苟,兢兢业业,专心致志。

4. 诚实守信: 诚实就是真心诚意,实事求是,不虚假,不欺诈;守信就是遵守承诺,讲究信用,注重质量和信誉。

5. 劳动纪律：用人单位为形成和维持生产经营秩序，保证劳动合同得以履行，要求全体员工在集体劳动、工作、生活过程中，以及与劳动、工作紧密相关的其他过程中必须共同遵守的规则。

（二）问答

1. 社会主义精神文明建设的根本任务是什么？

适应社会主义现代化建设的需要，培育有理想、有道德、有文化、有纪律的社会主义公民，提高整个中华民族的思想道德素质和科学文化素质。

2. 我国社会主义思想道德建设的基本要求是什么？

爱祖国、爱人民、爱劳动、爱科学、爱社会主义。

3. 为什么要遵守职业道德？

职业道德是社会道德体系的重要组成部分，它一方面具有社会道德的一般作用，另一方面它又具有自身的特殊作用，具体表现在：（1）调节职业交往中从业人员内部以及从业人员与服务对象间的关系。（2）有助于维护和提高本行业的信誉。（3）促进本行业的发展。（4）有助于提高全社会的道德水平。

4. 爱岗敬业的基本要求是什么？

（1）要乐业。乐业就是从内心里热爱并热心于自己所从事的职业和岗位，把干好工作当作最快乐的事，做到其乐融融。（2）要勤业。勤业是指忠于职守，认真负责，刻苦勤奋，不懈努力。（3）要精业。精业是指对本职工作业务纯熟，精益求精，力求使自己的技能不断提高，使自己的工作成果尽善尽美，不断地有所进步、有所发明、有所创造。

5. 诚实守信的基本要求是什么?

要诚信无欺,要讲究质量,要信守合同。

6. 职业纪律的重要性是什么?

职业纪律影响到企业的形象,职业纪律关系到企业的成败,遵守职业纪律是企业选择员工的重要标准,遵守职业纪律关系到员工个人事业的成功与发展。

7. 合作的重要性是什么?

合作是企业生产经营顺利进行的内在要求,是从业人员汲取智慧和力量的重要手段,是打造优秀团队的有效途径。

8. 奉献的重要性是什么?

奉献是企业发展的保障,是从业人员履行职业责任的必由之路,有助于创造良好的工作环境,是从业人员实现职业理想的途径。

9. 奉献的基本要求是什么?

(1)尽职尽责。要明确岗位职责,要培养职责情感,要全力以赴工作。(2)尊重集体。以企业利益为重,正确对待个人利益,要树立职业理想。(3)为人民服务。树立为人民服务的意识,培育为人民服务的荣誉感,提高为人民服务的本领。

10. 企业员工应具备的职业素养是什么?

诚实守信、爱岗敬业、团结互助、文明礼貌、办事公道、勤劳节俭、开拓创新。

11. 培养"四有"职工队伍的主要内容是什么?

有理想、有道德、有文化、有纪律。

12. 如何做到团结互助?

(1)具备强烈的归属感。(2)参与和分享。(3)平等尊重。(4) 信任。(5) 协同合作。(6) 顾全大局。

13. 职业道德行为养成的途径和方法是什么?

(1) 在日常生活中培养。从小事做起,严格遵守行为规范;从自我做起,自觉养成良好习惯。(2) 在专业学习中训练。增强职业意识,遵守职业规范;重视技能训练,提高职业素养。(3) 在社会实践中体验。参加社会实践,培养职业道德;学做结合,知行统一。(4) 在自我修养中提高。体验生活,经常进行"内省";学习榜样,努力做到"慎独"。(5) 在职业活动中强化。将职业道德知识内化为信念;将职业道德信念外化为行为。

14. 中国石油天然气集团公司员工职业道德规范具体内容是什么?

(1) 遵守公司经营业务所在地的法律、法规。(2) 认真践行公司精神、宗旨及核心经营管理理念。(3) 遵守公司章程,诚实守信,忠诚于公司。(4) 继承弘扬大庆精神、铁人精神和中国石油优良传统作风。(5) 认真履行岗位职责。(6) 坚持公平公正。(7) 保护公司资产并用于合法目的。(8) 禁止参与可能导致与公司有利益冲突的活动。

15. 对违纪员工的处理原则是什么?

(1) 教育为主、惩罚为辅。(2) 区别情节、分类对待。(3) 实事求是、依法处理。

16. 对员工的奖励包括哪几种?

记功、记大功,晋级,通令嘉奖,授予先进生产(工作)者、劳动模范等荣誉称号。在给予上述奖励时,可以发给一次性奖金。

17. 对员工的行政处分包括哪几种?

警告、记过、记大过、降级、撤职、留用察看、开除。在给予上述行政处分的同时,可以给予一次性罚款。

18.《中国石油天然气集团公司反违章禁令》有哪些规定?

为进一步规范员工安全行为,防止和杜绝"三违"现象,保障员工生命安全和企业生产经营的顺利进行,特制定本禁令。

一、严禁特种作业无有效操作证人员上岗操作;

二、严禁违反操作规程操作;

三、严禁无票证从事危险作业;

四、严禁脱岗、睡岗和酒后上岗;

五、严禁违反规定运输民爆物品、放射源和危险化学品;

六、严禁违章指挥、强令他人违章作业。

员工违反上述禁令,给予行政处分;造成事故的,解除劳动合同。

第二部分 基础知识

一、专业知识

(一) 名词解释

1. 石油： 一种以液体形式存在于地下岩石孔隙中的可燃性有机矿产。直观上比水稠但比水轻的油脂状液体，多呈褐黑色，化学上是以碳氢化合物为主体的复杂的混合物。

2. 石油的相对密度： 在标准条件（20℃和0.1MPa）下原油密度与4℃条件下纯水密度的比值。石油的相对密度变化很大，一般介于0.75~1.00之间。

3. 油气藏： 具有同一压力系统和油气水界面的单一圈闭中的石油和游离气聚集体。

4. 工业油气藏（田）： 若开采油气藏（田）的投资低于采出油气的价值，这类油气藏（田）称为工业油气藏（田）。

5. 储油层： 凡能使石油、天然气在其孔隙、孔洞和裂缝中流通、聚集和储存的岩层（岩石）均称为储油层。

6. 井： 以勘探开发石油和天然气为目的，在地层中钻出的具有一定深度的圆柱形孔眼。

7. 油气井：石油和天然气埋藏在地下几十米至几千米的油层中，要把它开采出来，需要在地面和地下油（气）层之间建立一条油气通道，这条通道就是油气井。

8. 直井：井眼轴线大体沿铅垂方向，井斜角、井底水平位移和全角变化率均在限定范围内的井。

9. 定向井：按照探井或生产井的目的和要求，沿着特定的方向和轨迹所钻达预定目的层位的井。按井深剖面可包括垂直段、增斜段和稳斜段等直到井底的井眼。

10. 水平井：先钻一直井段或斜井段，在目的层中井斜角达到或接近90°，并且有一定水平长度的井。

11. 井壁：井眼的圆柱形表面。

12. 环空：井中下有管柱时，井壁与管柱或管柱与管柱之间的圆环形截面的柱状空间。

13. 井眼轴线：井眼的中心线。

14. 钻台：装于井架底座上，作为钻工作业的场所。

15. 井下作业设备：用来对井下管柱或井身进行维修或更换而提供动力的一套综合机组。

16. 井架：支撑吊升系统的构件，其顶部安装天车，与大绳、游动滑车组成吊升系统，用来完成起下油管、钻杆和抽油杆的作业。

17. 指重表：供井下作业中指示井内钻具悬重和动力负荷下牵引阻力的瞬时值仪表。

18. 水龙头：修井机旋转系统的一个部件，它上部悬挂在大钩上，下部通过方钻杆与钻柱相连接，在循环修井工作液的同时悬挂钻柱，并保证钻柱旋转。

19. 转盘：修井施工中驱动钻具旋转的动力来源。

20. 吊环：起下管柱时连接大钩与吊卡用的专用工具。

21. 吊卡：用来卡住并起吊油管、钻杆、套管等的专用工具。在起下管柱时，用吊环将吊卡悬吊在游车大钩上，吊卡再将油管、钻杆、套管等卡住，便可进行起下作业。

22. 钻井泵：（钻）修井作业最基本的循环冲洗设备。

23. 水龙带：在钻水泥塞、冲砂和循环压（洗）井等施工中，用于连接水龙头或活动弯头与地面管线、输送洗井或冲砂液体的高压橡胶软管。

24. 套管四通：连通油套环形空间和套管阀门及套压表的部件。

25. 油管四通：连通油管内空间和生产阀门、清蜡阀门及油压表的部件。

26. 套管阀门：控制油套环形空间的阀门。

27. 生产阀门：控制油管内空间的阀门。

28. 总阀门：在套管四通以上、油管四通以下控制油管内空间的阀门。

29. 顶丝：压紧油管挂的一种特殊螺钉。拧紧顶丝可压住油管挂，防止井内油管上顶。

30. （大）鼠洞：当不使用方钻杆而从大钩上卸下时，用于放置方钻杆和水龙头的洞，位于钻台左前方井架大腿与井口的连线上。

31. 井口工具：钻台上用于井口操作的工具。包括大钳（吊钳）、吊卡、卡瓦、安全卡瓦、提升短节等。

32. 卡瓦：在井下作业起下钻时，将油管或钻杆卡紧在井口法兰盘或转盘上的专用工具（可代替吊卡）。

33. 方补心：钻井、大修施工时，安装在钻台转盘中卡住方钻杆，使方钻杆与转盘一起转动的钢套，称为方补心，简称补心。

34. 抽油杆：将抽油机的动力和运动传递给抽油泵进行抽汲的部件。

35. 光杆：抽油杆上部第一根特殊的抽油杆。

36. 油管：下入井中，用作产液或者注液的管子。

37. 方钻杆：用高级合金钢制成的，截面外形呈四方形或六方形而内为圆孔的厚壁管子。两端有连接螺纹。主要用于传递扭矩和承受钻柱的重量。

38. 钻杆：用高级合金钢制成的无缝钢管。两端有接头，用于加深井眼，传递扭矩，并形成钻井液循环的通道。可分为内平钻杆、管眼钻杆和正规钻杆。

39. 尾管：下到裸眼井段，并悬挂在上层套管上，而又不延伸到井口的套管。

40. 筛管：位于油层部位具有筛孔的套管。

41. 导管：井身结构中下入的第一层套管，称为导管。

42. 技术套管：表层套管与油层套管之间的套管，称为技术套管。

43. 油层套管：井身结构中最内的一层套管叫油层套管，也称完井套管。作用是封隔油、气、水层，建立一条供长期开采油、气的通道。

44. 井身结构：由直径、深度和作用各不相同，且均注水泥封固环形空间而形成的轴心线重合的一组套管与水泥环的组合。

45. 水泥返高：固井时，水泥浆沿着套管与井壁之间的环形空间，上返最后的平面至钻井钻机转盘（补心）上平面之间的距离。

46. 完钻井深：从转盘上平面到钻井完成时钻头所钻进的

最后位置之间的距离。

47. 套管深度：从转盘上平面到套管鞋的深度。

48. 人工井底：钻井或试油时，在套管内留下的水泥塞面叫人工井底。其深度是从转盘上平面到水泥塞面之间的距离。

49. 沉砂口袋：从人工井底到油层底部一段套管内的容积叫沉砂口袋。

50. 联顶节方入（联入）：钻井转盘上平面到最上面一根套管接箍上平面之间的距离。

51. 油补距：钻井转盘上平面到套管四通上法兰面之间的距离（也称补心高差）。

52. 套补距：钻井转盘上平面到套管短节法兰上平面之间的距离。

53. 射开油层顶部深度：射孔井段最上部至方补心的距离。

54. 射开油层底部深度：射孔井段最下部至方补心的距离。

55. 中和点：被卡管柱中间有一点既不受压力又不受拉力的点称为中和点。

56. 井史：一口井的档案资料，包括钻井、地质、完井等施工作业数据和资料。

57. 动液面：油井生产时油套环形空间液面的深度。动液面可以用来确定泵的沉没度和推算井底压力。

58. 静液面：油井关闭后油套环形空间液面的深度。静液面可以用来推算油井的静压。

59. 脱接器：在抽油泵活塞直径大于上部油管内径的情况下，用于抽油杆与活塞之间的对接和脱开，解决小直径油管下大直径抽油泵的井下工具。

60. 气锚：为防止气体进入泵内影响抽油效率的井下工具，称为气锚。

61. 砂锚：为防止抽油泵长时间抽吸泵内进砂，活塞被砂卡在泵筒内的一种井下防砂工具，称为砂锚。

62. 封隔器：具有弹性、用于封隔油套环形空间、隔绝产（注）层或控制产（注）层、保护套管的井下工具。

63. 桥塞：停留在井中某一深度而又与管柱脱离的封隔器，又称为丢手封隔器。

64. 静水柱压力：井口到油层中部的水柱压力。

65. 原始地层压力：油、气在未开采前的地层压力称为原始地层压力。

66. 目前地层压力：油层投入开发以后，某一时期测得的油层中部压力。

67. 油管压力：油、气从井底流到井口后的剩余压力称为油管压力，简称油压。

68. 套管压力：油管和套管之间的环形空间内，油和气在井口的压力称为套管压力，简称套压。

69. 地层破裂压力：地层岩石发生变形、破碎或裂缝时的压力。

70. 抽汲压力：由于上提管柱而使井底压力减少的压力。

71. 激动压力：由于下放管柱而使井底压力增加的压力。

72. 压力梯度：井内每加深100m，井内液柱所增加的压力。

73. 含水率：生产油井日产水量与日产液量（油和水）之比，也称含水百分数。

74. 大修：利用一定的工具、采用一定的措施处理油水井事故，恢复油水井正常生产的作业过程。

75. 井下作业： 为维持和改善油、气、水井正常生产能力，所采取的各种井下技术措施的统称。

76. 修井： 为维护和恢复油（气）井正常生产或提高其生产能力，所进行的各类故障处理和各项治理措施，总称为修井。

77. 作业设计： 指导作业施工的纲领性文件，是施工过程中应遵守的规定和原则。

78. 开工准备： 进行井下作业前，所做的直接服务于井下作业人员、技术、设备、工具、器材、通信、照明、道路、场地、安全措施等项工作，统称为开工准备。

79. 立井架： 将作业中吊升起重系统安装在井口的过程。

80. 穿大绳： 用钢丝绳将吊升系统的井架天车与游车按要求连接在一起的过程。

81. 校井架： 为保证井架施工安全，通过调整绷绳，使井架与井口之间的位置达到规定要求的过程。

82. 安全检查： 对施工井的提升系统、循环系统、承压承载件、电路、锅炉和压力容器等部位的例行检查。

83. 起下管柱： 用提升系统将井内的管柱提出井口，逐根卸下放在油管桥上，经过清洗、丈量、重新组配和更换下井工具后，再逐根下入井内的过程。

84. 组配管柱： 按照施工设计给出的下井管柱规范、下井工具的数量和顺序、各工具的下入深度等参数，在地面丈量、计算、组配的过程。

85. 压井： 将具有一定相对密度和数量的液体泵入井内，依靠泵入液体的液柱压力相对平衡地层压力，使地层中的流体不能流入井筒，以便完成某项施工。

86. 压井液： 用于油、气、水井作业施工压井的液体。常用压井液有泥浆、清水、卤水、无固相压井液等。

87. 挤注法压井：压井时井口只留压井液的进口，不留出口，采用高压向井内挤注压井液，把井筒内的油、气、水挤入地层，让井筒充满压井液，从而把井压住。

88. 替喷：用密度较小的液体将井内密度较大的压井工作液替换出来，从而降低井底回压的方法。

89. 二次替喷：先将油管下到人工井底以上 1～2m，用替喷液将压井液正替至油气层顶界以上 50～100m，然后上提油管至油气层顶界以上 10～15m，装好井口，第二次用替喷液正替出井内全部压井液。

90. 探砂面：下入管柱实探井内砂面深度的施工。

91. 冲砂：向井内高速注入液体，靠水力作用将井底沉砂冲散悬浮，并借助高速上返的液流将冲散的砂子带到地面的作业施工。

92. 冲砂液：进行冲砂时所采用的液体。

93. 反冲砂：冲砂液由套管与冲砂管的环形空间进入，冲击沉沙，冲散的砂子与冲砂液混合后沿冲砂管内径上返至地面的冲砂方式。

94. 正冲砂：冲砂液沿冲砂管内径向下流动，在流出冲砂管口时以较高流速冲击砂堵，冲散的砂子与冲砂液混合后，一起沿冲砂管与套管环形空间返至地面的冲砂方式。

95. 正反冲砂：采用正冲的方式冲散砂堵，并使其呈悬浮状态，然后改用反冲洗，将砂子带到地面的冲砂方式。

96. 冲管冲砂：采用小直径的管子下入油管中进行冲砂，清除砂堵的冲砂方式。

97. 洗井：在地面向井筒内泵入具有一定性质的工作液，把井壁和油管上的结蜡、死油、铁锈、杂质等脏物混合到洗井工作液中带到地面的作业过程。

98. 套管刮削：刮削套管内壁，清除套管内壁上水泥、硬蜡、盐垢及炮眼毛刺等的作业。

99. 通井：用规定外径和长度的柱状规，下井直接检查套管内径和深度的作业施工。

100. 刮蜡：下入带有套管刮蜡器的管柱，在套管结蜡井段上下活动，刮削套管内壁的结蜡，再循环打入热水将刮下的死蜡带到地面的作业施工。

101. 套管外窜槽：油水井发生套管外壁或与水泥环与井壁之间的窜通称为套管外窜槽。

102. 找窜：确定油水井层间窜槽井段位置的施工工艺。

103. 机械法验窜：下入封隔器管柱，通过套压法或套溢法验证某一井段套管外是否窜通的施工工艺。

104. 井下事故处理：由于各种因素而造成油水井井内管柱遇卡，工具、仪器及钻柱等掉落井内的现象称井下事故，针对井下事故所采取的相应措施，即井下事故处理。

105. 坐封：封隔器在下至预定位置后，在给定的方法和载荷作用下，使封隔器的密封元件达到膨胀密封的工作状态，这种操作称封隔器的坐封。

106. 验封：封隔器坐封后，通过泵车打压，验证密封元件是否处于密封状态的操作叫验封。

107. 解封：当分层作业完成，需要从井内起出封隔器时，按给定的方法和载荷解除封隔件的工作状态的操作叫解封。

108. 打捞：捞出井下落物的作业过程称打捞。

109. 卡钻：当吊升系统使用与钻具在井下重量相等的拉力不能起下，或起下钻时阻力很大，不能正常的起下操作叫卡钻。

110. 砂卡：在油水井生产或作业过程中，由于地层砂或工程砂埋住部分管柱，使管柱不能提出井口，这种现象叫砂卡。

111. 落物卡：在起下钻施工中，由于井内落物把井下管柱卡住造成不能正常施工的事故叫落物卡。

112. 套管变形卡：井下管柱、工具等卡在套管内，用与井下管柱悬重相等或稍大一些的力不能正常起下作业的现象称为套管卡。

113. 卡点：井下落物被卡部位最上部的深度。

114. 活动解卡：利用修井作业设备，采用上提、下放、轻微转动等无规律的多次反复运动，对井下遇卡管柱进行机械解卡的一种常用方法。

115. 落鱼：凡是断落在井内的管类、杆类、绳类、仪器、小件落物等称为井下落物，又称落鱼。

116. 鱼顶：又称鱼头，井下落物的顶部。

117. 探鱼：利用管柱下带仪器或工具，在井下试探落鱼深度和位置。

118. 摸鱼：利用管柱下带打捞工具，在井下寻找和拨正落物并使之进入打捞工具内的过程。

119. 方入：下井管柱遇阻或到达预定深度时，最后一根管柱进入四通上法兰面的长度。

120. 方余：方余与方入是相对而言的，指下井管柱遇阻或到达预计深度时，管柱在四通上法兰面以上剩余的长度。

121. 套管变形损坏：由于地应力轴向力的变化、套管外挤压力大于套管内压力及套管强度等因素的影响，造成套管一处或多处的缩径、挤扁和轴向弯曲变化，统称套管变形损坏，简称套变。

122. 套管断错损坏：套管在轴向发生了断裂，而在其径向上（水平方向）也发生了位移，双向叠加造成的套管变形损坏。

123. 侧钻：在油水井的某一特定深度固定一个斜向器，利用其斜面造斜和倒斜作用，用铣锥在套管的侧面开窗，从窗口钻出新井眼，然后下尾管固井的一整套工艺技术。

124. 工程测井：在油水井生产过程中，对井下技术状况监测的测井方法。

125. 磁性定位测井：根据井壁磁通量变化，利用磁性定位器检查井下工具深度的一种测井方法，广泛应用于对各种工艺管柱的作业质量检查。

126. 井径测井：利用井径仪测得套管内径变化曲线，确定套管损坏状况和位置的一种测井方法。

127. 射孔：用电缆或油管将射孔器送入套管内，对准油层深度，通电点火或机械撞击，使射孔器炮弹发生爆炸，产生高温高压高速的金属喷射流，将套管、水泥环和油层射开，作为油气从油层流入井筒的通道。

128. 正压射孔：射孔时，静液柱压力大于地层压力称为正压射孔。

129. 负压射孔：射孔时，静液柱压力小于地层压力称为负压射孔。

130. 补孔：根据井下作业工艺要求，对原射孔段需增加孔眼密度或因首次射孔而发生的哑炮、假炮等未射开现象，进行再次射孔。

131. 初凝：当水泥凝结时间测定仪（维卡仪）的试针沉入水泥浆中距底板 0.5～1.0mm 时，则认为水泥浆达到初凝。

132. 初凝时间：水泥从加水开始直至水泥初凝的时间。

133. 终凝：当水泥凝结时间测定仪（维卡仪）的试针沉入水泥浆中不超过1mm时，则认为水泥浆达到终凝。

134. 终凝时间：水泥浆从初凝至终凝的时间。

135. 凝结时间：初凝和终凝的总时间。

136. 固井：对所钻成的裸眼井，通过下套管注水泥以封隔油气水层、加固井壁的工艺。

137. 取换套：采用专用的套铣工具（套铣钻头、套铣筒等配套工具），套铣套管周围的水泥环及部分岩石，使之自由，采用切割或倒扣的方式将套损点以上及其以下适当部位的套管取出，然后下入新套管对扣或用补接器补接，将损坏的套管换掉，达到修复的目的。

138. 套铣头：专门用来破碎套管外水泥环及水泥环外岩石的套铣工具。

139. 断口：套管由于某种原因发生错断，因套管所受拉伸载荷及钢材自身收缩力的作用，断开位置产生纵向上的相对位移，这个位置就叫做断口。

140. 侧斜修井：利用定向工具及钻具，在原井眼的一定深度内按照预定的方位进行侧斜钻进，避开下部井眼和套管，重新开辟出新井眼，根据设计的轨迹钻进，控制井眼轨迹中靶，下入新套管固井。

141. 测量井深：井口至测点间的井眼实际长度。

142. 井斜角：测点处的井眼方向线与重力线之间的夹角。

143. 方位角：以正北方向线为始边，顺时针旋转至方位线所转过的角度，该方向线是指在水平面上，方位角可在0°~360°之间变化。

144. 风险评价：依据现有专业经验、评价标准和准则，对危害的分析结果得出系统发生危险的可能性及后果的严重程度的评价。

145. 垂直井深：通过井眼轨迹上某点的水平面到井口的距离。

146. 闭合距：水平投影面上测点到井口的距离，通常指靶点或井底的位移，而其他测点的闭合距离可称为水平位移。

147. 闭合方位：水平投影图上，从正北方向顺时针转至测点与井口连线之间的夹角。

148. 井斜变化率和方位变化率：井斜变化率是指单位长度内的井斜角度变化情况，方位变化率是指单位长度内的方位角变化情况，均以°/100m 来表示（也可使用°/30m 或°/100ft等）。

149. 方位提前角（或导角）：预计造斜时方位线与靶点方向线之间的夹角。

150. 狗腿严重度：用来测量井眼弯曲程度或变化快慢的参数（以°/100m 表示）。

151. 井底压差：井底压力与地层压力之差叫井底压差。

152. 井径：井眼的直径，称为井径。

153. 造斜点：从垂直井段开始倾斜的起点。

154. 含砂量：表示钻井液中固相颗粒的含量，一般要求小于 0.5%。

155. 滤失量：在井眼内钻井液中的部分水分因受压差的作用而渗透到地层中去，这种现象叫滤失。滤失的多少叫滤失量。

156. 滤饼：由于钻井液柱与地层间的压差作用，在滤失的同时，黏土颗粒在井壁周围形成一层堆积物，此堆积物叫滤饼。滤饼的好坏（质量）用渗透性即致密程度、强度、摩擦性及厚度来表示。

157. 冲程：泵的活塞上、下运动一次的距离称为一个冲程，可分为上冲程和下冲程。

158. 冲数：单位时间内活塞上下往返运动的次数。

159. 射孔完井法：目前油井完井应用最广泛的一种方法。它采取先钻开油气层，然后下入油层套管至油气层底部，用水泥浆固井，再用射孔器（枪）对准油气层部位射孔，射穿套管和水泥环并射入地层一定深度，为油气流入井筒打开通道。

160. 油气侵：油或天然气侵入井内后，在循环过程中，钻井液槽、池液面上有油或气泡时，称之为油气侵。

161. 水泥浆失水量：在规定的温度和压力下，通过一定面积的筛网从水泥浆中滤出的自由水的量。

162. 井控：即井涌控制或压力控制，就是采取一定的方法控制住地层孔隙压力，基本保持井内压力平衡，保证井下作业的顺利进行。

163. 井侵：当地层压力大于井底压力时，地层中的流体侵入井筒液体内的现象。

164. 溢流：当井侵发生后，地层流体过多地侵入井筒内，使井内流体自行从井筒内溢出的现象。

165. 井涌：井内液体过多地溢出井口，出现涌出的现象。

166. 井喷：地层流体无控制地涌入井筒，喷出地面的现象。

167. 井喷失控：井喷发生后，无法用常规方法控制井口而出现敞喷的现象。

168. 气侵：天然气侵入井筒内流体后，造成静液压力和井筒压力及流体性质的改变。

169. 硬关井：在发生溢流或井喷之后，在放喷阀门、节流阀和四通等旁侧通道全部关闭情况下，关闭防喷器。

170. 软关井：在溢流或井喷时，在套管旁侧通道适当打开的情况下，关闭防喷器，然后再关闭套管阀门。

171. "三高"油气井：高压、高危、高含硫油气井。

172. 井控设备：为实现油气水井压力控制技术而设置的一整套专用设备、仪表和工具，是对井喷事故进行预防、监测、控制、处理的关键装置。

173. 防喷器：井下作业井控必须配备的防喷装置，对预防和处理井喷有非常重要的作用。

174. 内防喷工具：在井筒内有作业管柱或空井时，密封井内管柱通道，同时又能为下一步措施提供方便条件的专用防喷工具。

175. 不压井作业：在带压环境中由专业技术人员操作特殊设备起下管柱的一种作业方法。

176. 硫化氢：化学分子式为 H_2S，一种可燃、有毒气体，通常比空气重，有时存在于油气开采和气体加工的流体中。

177. 初级井控：依靠井内液柱压力来控制平衡地层压力，使得没有地层流体侵入井筒内，无溢流产生。

178. 二级井控：井内正在使用的压井液不足以控制地层压力，井内压力失衡，地层流体侵入井筒内，出现溢流和井涌，需要及时关闭井口防喷设备，并用合理的压井液恢复井内压力平衡，使之重新达到初级井控状态。

179. 三级井控：发生井喷，失去控制，使用一定的技术和设备恢复对井喷的控制，也就是平常所说的井喷抢险，可能需要灭火、邻近注水井停注等各种技术措施。

180. 压力系数：某地层深度的地层压力与该深度的静水柱压力之比。

181. 异常高压：超过静水柱压力的地层压力称为异常高压。

182. 异常低压：低于静水柱压力的地层压力称为异常低压。

183. 爆炸极限：可燃物与空气的混合物，在一定的浓度范围内均匀混合形成预混合气，遇着火源才会发生爆炸，这个浓度范围称为爆炸极限。

184. 一级井喷事故：海上油（气）井发生井喷失控；陆上油（气）井发生井喷失控，造成超标有毒有害气体逸散，或窜入地下矿产采掘坑道；发生井喷并伴有油气爆炸、着火，严重危及现场作业人员和作业现场周边居民的生命财产安全。

185. 二级井喷事故：海上油（气）井发生井喷；陆上油（气）井发生井喷失控；陆上含超标有毒有害气体的油（气）井发生井喷；井内大量喷出流体对江河、湖泊、海洋和环境造成灾难性污染。

186. 三级井喷事故：陆上油气井发生井喷，经过积极采取压井措施，在 24h 内仍未建立井筒压力平衡，难以短时间内完成事故处理的井喷事故。

187. 四级井喷事故：发生一般性井喷，能在 24h 内建立井筒压力平衡的井喷事故。

188. 高压油气井：以地质设计提供的地层压力为依据，当地层流体充满井筒时，预测井口关井压力可能达到或超过 35MPa 的井。

189. 近平衡压力：使用合理的修井液形成略高于地层压力的液柱压力，达到对油层实施一级控制的目的。

190. 高含硫油气井：地层天然气中硫化氢含量高于 $150mg/m^3$ 的井。

(二) 问答

1. 作业机用途是什么?

(1) 起下钻具、油管、抽油杆、井下工具或悬吊设备。

(2) 吊升其他重物。

(3) 传动转盘。

(4) 完成抽汲排液、落物打捞、解卡等任务。

2. 作业机的基本组成包括什么?

作业机包括动力机、传动机和工作机三部分。

3. 井架的种类及使用范围有哪些?

常用井架可分为固定式井架和车载式井架两种。在常规作业和油水井增产增注措施作业施工中,经常使用固定式井架;在油水井大修作业施工中,经常使用车载式井架。

4. 井架天车的结构由什么组成?

井架天车是安装在井架顶端的一组定滑轮,主要由轴承支座、天车轴、滑轮、轴承润滑油道、加油嘴及天车护罩等部件组成。

5. 井架游动滑车的结构由什么组成?

井架游动滑车是一组动滑轮,主要由滑轮、滑轮轴、轴套、侧板、底环、顶销、顶环、销子、加油器和外壳组成。

6. 井架大钩的结构组成包括什么?

井架大钩是由活动轴承和弹簧连接安装在游动滑车下面的钩状构件,主要由钩体、销子簧、大钩颈、保险销组成。

7. 井架大钩的作用是什么?

井架大钩的作用是悬挂水龙头,通过吊环、吊卡悬挂钻柱、套管柱、油管柱,并完成修井作业及其他辅助施工。

8. 转盘的作用和分类有哪些?

转盘是石油修井的主要地面旋转设备,用于修井时,旋转钻具钻开水泥塞和坚固的砂堵;在处理事故时,进行倒扣、套铣、磨铣等工作;此外,在进行起下作业时,用于悬持钻具等。常用修井转盘按结构形式分有船形底座转盘和法兰底座转盘两种形式,按传动方式分有轴传动和链条传动两种形式。

9. 钢丝绳的用途是什么?

在井下作业施工中,用钢丝绳作滚筒与游动滑车之间的连接大绳,使修井机滚筒、井架天车、游动滑车及大钩连接成为统一的吊升系统,将滚筒转动力转变为游动系统的提升力,完成井下作业施工的各种工艺管柱的起下和悬吊井口设备等作业。钢丝绳还可用作井架绷绳,固定稳定井架,使井架能承载井下作业管柱负荷及牵引拖拉机起吊设备时承力、承重绳套。

10. 钢丝绳种类有哪些?

钢丝绳按直径分,常用的有 10mm、13mm、16mm、19mm、22mm、25mm 六种;按结构组成(股数和绳数)有6股×19丝、6股×24丝、6股×37丝3种;按捻制方法分,有顺捻和逆捻两种。

11. 钢丝绳强度分为几级?

钢丝绳强度一般分三级,即普通强度(P)、高强度(G)、特高强度(T)。

12. 钢丝绳的使用要求是什么?

(1) 新钢丝绳不应有生锈、压扁、断丝、松股等缺陷。

(2) 钢丝绳钢丝直径大于 0.7mm 时,接头连接应用焊接法，小于 0.7mm 时，接头可用插接法。

（3）在钢丝绳 1m 长度内接头不得超过 3 个，同一截面内不得超过两个。

（4）钢丝绳应保持清洁，涂润滑油保持芯子润滑。

（5）钢丝绳与绳卡配合要合适，卡距一般为钢丝绳直径的 6~7 倍。

（6）任何用途的钢丝绳不得打结、接结，不应有夹扁等缺陷，原则上用于绷绳的钢丝绳不得插接。

（7）绷绳每捻距内断丝要少于 12 丝，提升大绳每捻距内断丝要少于 6 丝。任何用途的钢丝绳，均不得有断股现象。

（8）当游动滑车放至井口时，大绳在滚筒上的余绳应多于 15 圈，活绳头在滚筒上固定牢靠。

（9）大绳死绳头应该用 5 只以上配套绳卡固定牢靠，卡距 150~200mm。

（10）不得用锤子等重物敲击大绳、绷绳。

（11）长期停用的钢丝绳应该盘好、垫起，做好防腐工作。

13. 吊环的作用和使用注意事项是什么？

吊环的作用是悬挂吊卡，完成起下管柱和吊升重物等工作。吊环有单臂吊环和双臂吊环两种。

注意事项：（1）吊环应配套使用。（2）不得在单吊环下使用。（3）经常检查吊环直径、长度变化情况，成对的吊环直径长度不相同时不得继续使用。（4）应保持吊环清洁，不得用重物击打吊环。

14. 吊卡的结构形式、组成及其特点是什么？

活门式吊卡由主体、锁销、手柄、活门等部件组成，特点是承重力较大，适于较深井的钻杆柱的起下；月牙式吊卡主要由主体、凹槽、月牙、手柄和弹簧等组成,特点是轻便、灵活,适用于油管柱或较浅井的钻杆柱的起下。

15. 水龙带的结构组成是什么?

水龙带由高压橡胶软管和端部接头两部分组成。高压橡胶管是由无缝的耐磨、耐油的合成橡胶内胶层、纤维线编织的保护层、方向交变的螺旋金属钢丝缠绕的中胶层和耐磨、耐油、耐热、耐寒的合成橡胶外胶层组成。

16. 水龙头在使用过程中如何维护保养?

(1) 每次起下时应检查油面及冲管密封填料情况,注意油温及各部件温度,各部件温度不得超过70℃。

(2) 注意检查保护接头和中心管的情况,若发现中心管下部螺纹漏失,应及时拧紧或更换水龙头。

(3) 每天检查一次水龙头上盖及下部底盘的固定情况。在快速钻进及跳钻严重时,应检查鹅颈管法兰连接螺栓及各紧固件的松动情况。

(4) 水龙头运转200h和700h后,要分别检查机油的清洁程度或更换机油。

(5) 拆装冲管及密封填料时,要加黄油润滑。

17. 采油树用途是什么?

采油树用于油气井的流体控制和作为生产通道。采油树和油管头是连在一起的,是井口装置的重要组成部分。

18. 采油树连接方式有哪几种?

采油树各部件的连接方式有法兰、螺纹和卡箍3种。

19. 井口装置的作用是什么?

在完井以后,用于悬挂油管,承托井内的全部油管柱重量;密封油管、套管间的环形空间,控制和调节油井的生产;

有序控制各项井下作业,如诱喷、洗井、打捞、酸化、压裂等的施工;录取油压、套压资料,进行测压、清蜡等日常生产管理。

20. 井口装置由什么组成?

井口装置包括套管头、油管头及采油(气)树三部分。

21. 套管头用途是什么?

套管头是用来悬挂技术套管和油层套管并密封各层套管间环形空间的井口装置,为安装防喷器和油管头等上部井口装置提供过渡连接,并且通过套管头本体上的两个侧口,可以进行补挤水泥和注平衡液等作业。

22. 油管头用途是什么?

油管头是由一个两端带法兰的大四通及油管悬挂器组成,安装在套管头的法兰上,用以悬挂油管柱,密封油管柱和油层套管之间的环形空间,为下接套管头、上接采油树提供过渡。通过油管头四通体上的两个侧口,接套管阀门,完成套管注入、洗井作业或作为高产井油流生产通道。

23. 管钳的作用是什么?

管钳是用来转动金属管或其他圆柱形工件上、卸螺纹的工具,是井下施工作业连接地面管线和连接下井管柱的主要工具。

24. 管钳的保养及使用注意事项主要有哪些?

(1)使用管钳时应先检查固定销钉是否牢固,钳头、钳柄有无裂痕,有裂痕者不能使用。

(2)较小的管钳不能用力过大,不能同加力杠同时使用。

(3)不能将管钳当锤子或撬杠使用。

(4)用后要及时洗净,涂沫黄油,防止旋转螺母生锈,

25. 喇叭口有什么作用?

(1) 一旦下井工具(刮蜡片、压力计、流量计等)掉到井底,打捞时容易进入油管。

(2) 便于流量计等下过油管的仪器,上提时经喇叭口顺利进入油管。

(3) 喇叭口有利于石油从油层进入井底后捕集到油管里,使油中的天然气更有效地举升石油。

26. 液压钳由哪些主要部件组成?

液压钳主要由钳体、液压马达阀、引置减速器、弹簧悬挂器、节流拉杆、扭矩指示器、排挡杆、尾绳、背钳等组成。

27. 作业施工中应有哪几项设计?

作业施工中应有地质设计、工程设计、施工设计。对于有些比较简单的维护作业施工项目的工程设计,可以直接代替施工设计用来指导现场施工。

28. 井架基础的要求有哪些?

(1) 井架基础可采用钢制基础或水泥预制基础。

(2) 井架基础最小压强为 0.15~0.20MPa,基础应高于地面 80~100mm。

(3) 井架基础应平整坚固,地脚螺栓与销子齐全完好,水平度不大于 0.5°~1°。18m 井架基础距井口 1.8m±0.05m;24m 井架基础距井口 2.34m±0.05m。

(4) 井架基础周围场地应平整结实。

29. 井架绷绳的选用标准是什么?

井架绷绳直径不小于 16mm,无打结、锈蚀、夹扁等缺陷,绷绳断丝每捻矩不超过 6 丝,受力均匀,正常作业时设置

6道绷绳，前2道后4道，特殊作业时，应设置8~10道绷绳。

30. 地锚的选用标准是什么？

地锚应使用长度不小于1.8m、直径不小于73mm的石油钢管；螺旋地锚片应使用厚度不小于5mm、直径不小于250mm、长度不小于400mm的钢板。钢筋混凝土地锚的外形尺寸应采用1000mm×1000mm×1300mm（长×宽×高）。

31. 提升大绳的选用要求是什么？

修井施工中的钢丝绳一般选用6股×19丝左旋逆捻西鲁式纤维绳芯钢丝绳，1500m以内的常规作业井穿6股绳，用φ18.5mm钢丝绳，1500m以上的常规施工井和处理事故井要穿8股绳，用φ22mm钢丝绳，每扭矩断股不超过5丝，不能使用松股、断股、扭股的钢丝绳。

32. 封井器的作用是什么？

封井器（防喷器）用于在试油修井和作业过程中关闭井口，防止井喷事故的发生，并可用作地层测试的配套设备。

33. 封井器分哪几类？

封井器可分为半封封井器、全封封井器和自封封井器。

34. 安全卡瓦的操作方法是什么？

当下压手把时，连杆机构带动卡瓦闭合，卡住油管，制止油管上顶。向上抬起手把，卡瓦就张开，松开被卡住的油管。

35. 搬迁要求有哪些？

（1）组织全班人员，在搬家过程中必须听从现场指挥人员调动安排。

（2）吊装前检查值班房、工具房、污油回收装置、方铁池、油管爬犁的吊绳、保险销是否符合安全技术要求。吊装钢丝绳套无断丝、断股。保险销紧固无损伤。检查工具房、值班房门窗是否锁好。

（3）吊车就位后，四脚伸开支平牢固，吊装时吊杆悬臂工作范围内不许站人，被吊物体上、下严禁站人。

（4）操作人员在车辆停稳后方可上前操作，挂牢绳套，待操作人员手离开绳套，绳索受力后，操作人员离开吊装物，平稳起吊。指挥卡车就位，缓慢下放物体卸载，操作人员摘钩撤走后，方可指挥行车。

（5）搬家作业设备时要合理吊装，不挤压、不撞击，盛液容器必须放空排净。吊装用的钢丝绳必须满足承吊重物的安全载荷，提钩要挂牢，捆绑要结实。

（6）搬家车辆在行驶过程中要安全驾驶。

（7）作业机上大拖有专人指挥，地面要平整坚实，道路两边无深沟等。

（8）搬家到井场后专人负责把值班房、工具房、锅炉房在距井口30m附近摆放成"一"形、"L"形、"U"形。锅炉房应就位在井口上风头，锅炉房与值班房应分开放置，其距离应大于4m或按作业队实际要求摆放。方铁池就位在距井口30m以外便于车辆通行处，做到水平放置排列成行。污油回收装置就位在井口上风头15m附近。

（9）5级以上大风等恶劣天气禁止搬家。

36. 交接井有哪些要求？

（1）开工前，通知施工井所在采油队，约定时间到井上交接井。

（2）按规定进行交接，采油工详细介绍，作业队认真作好记录。交清地面流程、电路、流程保温、设备完好情况、井场情况及井场外围环保情况。交清井生产情况。对井口设备与井场设施逐点进行交接。

（3）由采油队负责倒好流程，施工过程中不能轻易改动，以保证施工完顺利投产。

（4）双方在现场认真填写油井作业施工交接书，经甲乙双方签字，一式两份，各持一份。

37. 井场安全标识要求有哪些？

（1）井场应使用安全警示带围好，高度为 0.8~1.2m。插好警示旗。

（2）井场应有明显的安全警示标识，至少应有：必须戴安全帽、禁止烟火、必须系安全带、当心机械伤人、当心触电、当心高空坠落、当心井喷、当心环境污染。

（3）井场安全通道畅通并做明显标识，安全区域位置合理、标识清楚。

（4）井场应设置风向标（风向袋、彩带、旗帜或其他相应装置），应设置在现场容易看到的地方。

38. 作业机就位有哪些要求？

（1）检查作业机就位线路上是否有管线、电缆等危险物暴露出地表，道路是否平整坚实。

（2）由专人指挥，按照预定线路通往预定位置，作业机行走时司机要精力集中，服从指挥。其他人员远离作业机通道，防止发生伤害事故。

（3）到达预定位置后，作业机司机调整车位，使作业机尾部位于距井架基础 3~5m，且滚筒正对井架并处于水平状态。

39. 搭管杆桥的要求是什么？

（1）检查井场地面是否平整，检查桥座是否完好。管、杆桥摆放位置要合理，确保逃生路线通畅。管、杆桥下做好防渗。

（2）搭管杆桥时各岗位密切配合防止磕碰。桥座摆放平稳牢固，抬油管时轻抬轻放。

（3）管杆桥搭在距井口2m处，管桥搭3道桥，相邻两道桥间距3~3.5m，管桥距地面高度不低于0.3m，每道桥5个支点。杆桥搭4道桥，相邻两道桥间距2~2.5m。杆桥距地面高度不低于0.5m，每道桥四个支点。

（4）管杆桥搭好后检查整体摆放位置是否平整牢固。

40. 提升系统的安全检查路线是什么？

后地锚桩、地锚桩绳套、花篮螺栓、绷绳、前地锚桩、地锚桩绳套、花篮螺栓、绷绳、井架基础、大绳死绳头、拉力表、井架、天车、游动滑车、大绳、滚筒刹车。

41. 管式泵的结构是什么？

管式泵可分为组合抽油泵和整筒抽油泵。组合抽油泵由外工作筒和镶在外工作筒里的衬套、柱塞（柱塞内有上下游动阀）和固定阀组成。整筒抽油泵由泵筒、柱塞（柱塞内有上下游动阀）和固定阀组成。

42. 常用抽油杆分类是什么？

常用的抽油杆分为常规钢抽油杆、超高强度抽油杆、玻璃钢抽油杆、空心抽油杆和连续抽油杆。

43. 常规钢抽油杆的等级分为哪几种？

一般将常规钢抽油杆分为C级、D级和K级3个等级。

44. 超高强度抽油杆的特点是什么？

超高强度抽油杆承载能力比D级抽油杆提高20%左右，适用于深井、抽油井和大泵强采井。

45. 下抽油杆柱作业规程有哪些？

（1）抽油杆上紧扭矩应符合规定。

（2）平稳缓慢下放，使活塞进入泵筒，装有脱接器的井，对接好脱接器，对接后提抽油杆不能超高，防止脱接器脱开，装有井下开关的井，按照要求打开开关。

（3）活塞进泵筒后，光杆运行时做到下不碰泵、上不刮井口。

46. 油管使用的注意事项都有什么？

（1）油管在使用前用钢丝刷将油管螺纹上的脏物刷掉，同时检查螺纹有无损坏。

（2）在油管外螺纹处均匀涂螺纹密封脂。

（3）油管上扣所用的液压油管钳应有上扣扭矩控制装置，避免损坏油管。

（4）油管从油管桥上被吊起或放下时，油管外螺纹应有保护装置。

（5）特殊井所用油管的上扣方法和上扣扭矩，应按照油管生产厂家的要求进行。

（6）作为试油抽汲管柱时，注意在抽子下入的最大深度以上要保证内通径的一致。

（7）若油管下入深度较深，应使用复合油管。

47. 对下井油管有哪些要求？

（1）下井油管应严格执行三丈量、三检查、三过手。三丈量包括管次丈量、换向丈量、复查丈量；三检查包括查油管内径是否畅通，螺纹是否完好，管体是否有弯曲、变形、残、裂、砂眼等问题；三过手指资料员、班长、技术员三个岗位各自丈量、检查、计算，认为无误方可下井。

（2）下井油管必须用相应的油管规逐根检查通过。

（3）下井油管必须做到螺纹干净，涂螺纹脂或密封脂并上紧扣。

48. 钻杆的作用是什么？

钻杆是钻柱组成的基本单元，是传递转盘扭矩、游车提升、加压给钻具（钻头等）的直接承载部分，是完成修井工艺过程的基本配套专用管材。

49. 钻杆使用要求是什么？

（1）入井钻杆螺纹必须涂抹螺纹密封脂，旋紧扭矩不低于3800N·m。

（2）钻杆需按顺序编号，每使用3~5口井需调换入井顺序。

（3）保持钻杆的清洁、通畅，螺纹完好无损伤。

（4）定期进行无损伤探伤检查。

（5）入井钻杆不得弯曲、变形、夹扁。

（6）钻杆搬迁不得直接在地面拖拽，螺纹处应戴螺纹保护器。

50. 起抽油杆作业规程有哪些？

（1）装有脱接器的井，起第一根抽油杆时要缓慢上提，以保证脱接器顺利脱开，装有开泄器的井，当开泄器接近泄油器时也要缓慢上提，以保证顺利打开泄油器，上提抽油杆柱遇阻时，不能盲目硬拔，查明原因制定措施后再进行处理。装有防偏磨装置的井，起杆前必须落实油管是否断脱，防止起抽油杆时刮掉防磨装置，造成事故。

（2）起抽油杆时各岗位要密切配合，防止造成抽油杆变形，防止造成井下落物。

（3）遇有井喷时，起抽油杆要装上抽油杆自封进行起下杆柱，防止污染环境。

（4）平稳操作起完抽油杆及活塞，检查杆柱情况，做好记录。

51. 起管柱作业规程有哪些？

（1）井下管柱装有油管锚时，使锚爪脱离套管，井下管柱装有封隔器时，解封封隔器。

（2）平稳操作，管柱有上顶显示时应装加压装置。起管柱做到不碰、不刮、不掉、不顶、不飞。

（3）泥浆压井施工时，起管柱带出的压井液要用污油回收装置回收，不压井作业施工起泵管柱期间改装套管生产。

（4）起完管柱后，将井口控制好，防止物件落入井内，检查原井管柱及井下工具等情况，作好记录。对偏心井口检查弹子盘情况，发现损坏及时更换。

52. 组配管柱的程序是什么？

（1）熟悉设计，掌握油水井各种数据。

（2）丈量实物长度，包括油管悬挂器、下井工具。

（3）计算所需油管长度，丈量、选择油管，连接下井工具。

（4）按照下井顺序将下井管柱摆放好，复核、计算出实配深度，填入油管记录。

53. 下管柱作业规程有哪些？

（1）完井油管螺纹必须清洁干净，螺纹采取密封措施。

（2）加压管柱下油管时应平稳加压，做到不飞、不顶、不压弯油管，井口要有防掉、防喷措施，做到不掉、不上碰下顿，顺利下完管柱。

（3）油管上扣扭矩符合规定。

（4）使用液压油管钳上扣时，液压油管钳要在定压范围内操作，严禁定压过大，造成油管上扣时造扣。

（5）对有油管锚、封隔器的井，按照操作规程锚定油管，坐封封隔器。

54. 油管锚的作用和种类有什么？

用油管锚将油管下端固定，可以消除油管变形，减少冲程损失。油管锚分为机械式油管锚和液力式油管锚两大类。

55. 脱接器的使用方法是什么？

泵活塞下井前将脱接器下半部与活塞的上部相连接，然后在最下端的一根抽油杆的下端接上脱接器的上半部，随抽油杆下入井内，在泵筒内完成对接。

56. 装采油树技术要求是什么？

（1）安装采油树要装正放平，连接好各部件，做到不渗、不漏、不松动，配件齐全，管线畅通。

（2）抽油机井上紧抽油杆密封装置。

（3）偏心采油树的测试偏孔位于驴头的正前方向。

57. 什么是潜油电泵装置的标准管柱结构？

潜油电泵装置的标准管柱自下而上依次由潜油电动机、保护器、分离器、潜油泵、单向阀、泄油阀组成。

58. 潜油电泵管柱的起下设备要求是什么？

（1）油井作业机必须有合适的工作能力及良好的操作条件，井架必须有足够的高度便于高效率地服务。

（2）必须使作业机司机意识到所安装的潜油电泵为精密设备。

（3）负责安装或起出潜油电泵的作业人员应严格按规程

操作。

(4) 井口、游动滑车、天车应三点一线,左右偏差不大于 20mm。

59. 电缆起出作业要求是什么?

(1) 电缆决不许放在地面卷绕。这样做可能损坏电缆。

(2) 当把电缆重新绕到电缆盘上时,使电缆排齐。

(3) 当电缆从井内起出时,应在电缆的损坏部位做个记号,以便日后修理。

60. 偏心配水管柱结构及技术要求是什么?

(1) 偏心配水管柱结构:由偏心配水器、压缩式封隔器、底部球座和油管组成。

(2) 技术要求:底部球座应下在射孔井段底界 10m 以下。偏心管柱组装应满足相邻两级偏心配水器之间距离不小于 8m。偏心配水器必须按设计要求,依据层位组配后下入井内。

61. 偏心配水管柱的主要特点是什么?

应用偏心配水器能实现多级细分配水,一般可分 4~6 个层段,最高可分 11 个层段;可实现不动管柱任意调换井下配水嘴和进行分层测试,能大幅度降低注水井调整和测试作业工作量,而且测任意层段注水量时,不影响其他层段注水。

62. 扩张式封隔器使用条件及特点是什么?

扩张式封隔器必须与节流器配套使用,优点是结构简单,不能单独坐封封隔器;缺点是必须在油管内外造成一定压差方能正常工作。

63. 注水井封隔器释放的要求是什么?

释放封隔器按照设计封隔器型号对释放时的要求,正打压,并稳压至套管保护封隔器密封无溢流,证实释放成功。

64. 试述影响封隔器密封的原因有哪些？

（1）油管破裂、螺纹有漏失、螺纹坏或未上紧。

（2）释放压力偏低（未释放）或偏高（造成卸压）。

（3）管柱深度错误致使封隔器卡在射孔井段上。

（4）管外窜槽、射孔层位有问题、套管变形或卡在套管接箍上。

（5）封隔器组装不合格、焊口不严出现漏失。

65. 大修的目的和工作原则及方针是什么？

（1）大修的目的：解除井下事故、维护井身和改善油（气）井出油（气）条件（注水井注水条件），从而恢复单井出油、出气和注水能力，提高生产井和注入井的利用率，保持油气井稳产，最终提高油气田的采收率，使油气田开发获得最大经济效益。

（2）大修井的工作原则：在大修作业中严格执行技术标准及操作规程，只能解除井下事故，不能增加井下事故；只能保护和改善油气层，不能破坏和伤害油气层；只能保护井身，不能损坏井身。

（3）大修井的工作的方针：依靠科技、保证质量、安全第一、突出成效。

66. 压井方式的选择方法是什么？

（1）对有循环通道的井，可优先选用循环法全压井或半压井。

（2）对没有循环通道的井，可选用挤注法压井。

（3）对压力不大、作业施工简单、作业时间短的井，选择灌注法压井。

67. 压井过程中的注意事项有哪些？

（1）压井中途不允许停泵，避免压井液在井筒中被油气水浸,从而降低压井液密度。

(2)为防止压井液泵进管线堵塞,在进水管线端部应安装过滤网。

(3)压井时,应尽量加大泵的排量,不允许在压井过程中关小出口阀门,以免产生高压致使压井液进入油层或影响泵的排量。

68. 优质压井液应具备什么特点?

(1)与油、气层岩石及流体配伍。

(2)密度可调节,以便能平衡油、气层压力。

(3)在井下压力和温度下性能稳定。

(4)滤失量小。

(5)有一定黏度,具有携带固相颗粒的能力。

69. 替喷的原理是什么?

替喷原理就是用密度小的液体将井内密度大的液体替出,一般采用正替喷。

70. 替喷的目的和作用是什么?

替喷的目的和作用是替出井内的压井液和井内压井工作液沉淀物,恢复油井生产。

71. 替喷有哪些要求?

(1)替喷过程中要注意观察、记录返出液体的性质,准确计量进出口的排量,注意防喷。

(2)替喷时一般用正循环替喷,连续大排量不停泵,严禁硬憋。

(3)管柱带有封隔器时,要控制泵压与排量,不能将泥浆挤入地层造成污染。

(4)替喷用水量不能少于井筒容积的1.5倍。

72. 为什么要探砂面?

探砂面可以为下步下入的其他管柱提供参考依据,也可通过探砂面深度了解地层出砂情况。

73. 探砂面作业规程有哪些?

(1) 可用原井管柱探砂面。起出后,应核实井内管柱。

(2) 下入光油管探砂面,必须装灵敏度较好拉力计(表)观察悬重变化。操作要求平稳,严禁软探砂面。

(3) 下油管进入射孔井段后,应控制下放速度,管柱遇阻后,连探三次,拉力计(表)负荷下降 20~30kN,数据一致为砂面深度。

74. 什么情况下需要冲砂?

如果砂面过高,掩埋油层或影响下步要下入的其他管柱,就需要冲砂。

75. 通井的目的是什么?

通井的目的:消除套管内壁的杂物或毛刺,使套管内畅通无阻;核实人工井底深度,检测套管变形后能通过的最大几何尺寸。

76. 通井规的选择标准是什么?

(1) 通井规外径要小于套管内径 6~8mm,通井规的壁厚为 3.5~5mm。

(2) 普通井通井规长度为 1.2m,特殊作业井的通井规长度应大于下井工具的最大直径 50~100mm。

(3) 水平井应采用橄榄形状的通井规,最大外径应小于套管内径 6~8mm,一般有效长度为 300~400mm。

77. 套管刮削器的用途有哪些?

套管刮削器主要用于常规作业、修井作业中清除套管内壁上的死油，封堵及化堵残留的水泥、堵剂、硬蜡、盐垢，刮削、清除射孔炮眼毛刺等。

78. 什么是封隔器找窜？

封隔器找窜是现场应用较为广泛的一种方法，即下入单级或双级封隔器至预测井段，然后挤注清水，在地面测量套压变化或套管溢流量的变化，若套压变化或套管溢流量变化超过定值，则可以定为该井段窜槽。

79. 什么是封隔器验窜？

封隔器验窜是下入封隔器管柱，通过套压法或套溢法验证某一井段套管外是否窜通的施工。

80. 什么是套压法找窜？

套压法找窜是采用观察套管压力的变化来分析判断欲测层段之间有无窜槽的方法。若套管压力随着油管压力的变化而变化，则说明封隔器上、下层段之间有窜槽；反之，若套管压力不随油管压力的变化而变化，则说明层间无窜槽。

81. 什么是套溢法找窜？

套溢法找窜是指以观察套管溢流来判断层段之间有无窜槽的方法。采用变换油管注入压力的方式，同时观察、计量套管流量的大小与变化情况，若套管溢流量随油管注入压力的变化而变化，则说明层段之间有窜槽；反之，则无窜槽。

82. 油水井窜槽的危害是什么？

（1）油井窜槽危害：①上部水层或底部水层的水窜入，影响油井正常生产，严重的水窜回造成油井全部出水而停产。②对浅层胶结疏松的砂岩油层，因外层水的窜入出现水敏现象，造成胶结破坏，使油井堵塞或出砂，不能正常生产，严重水侵蚀，层间的压差过大，会造成地层坍塌使油井停产。

③因水窜加剧了套管腐蚀,降低了抗外挤或抗内压性能,严重者会造成套管变形损坏。

(2) 注水井窜槽的危害:①达不到预期的配注目标,影响单井原油(或区块)产能,同时影响砂岩地层泥质胶结强度,造成地层坍塌。②加剧套管外壁(第一界面)的腐蚀,减低了抗压性能,以致使套管变形或损坏。③导致区块的注采失调,达不到配产方案指标要求,使部分油井减产或停产。④给分层注采、分层增产措施带来困难。

83. 油水井找窜的方法分为哪几种?

油水井找窜可分为声幅测井找窜、同位素测井找窜和封隔器找窜三种找窜方法。

84. 低压井封隔器找窜的注意事项有哪些?

(1) 找窜前要先进行冲砂、通井、探测套管等工作。

(2) 油管数据要准确。

(3) 测量窜槽时应坐好井口。

(4) 当测量完一点要上提封隔器,应先活动泄压,缓慢上提,以防止地层大量出砂,造成验窜管柱卡钻。

(5) 找窜过程中显示有窜槽,应上提封隔器验证。若封隔器密封,则说明资料结果正确;反之,更换封隔器重测。

85. 高压井封隔器找窜的方法是什么?

在高压井找窜时,可用不压井不放喷的井口装置将找窜管柱下入预定层位。油管及套管装灵敏压力表。从油管泵入液体,使油管与套管造成压差,并观察套管压力是否随油管压力变化而变化。

86. 漏失井封隔器找窜的方法是什么?

在漏失严重的井段找窜时,无法应用套压法或套溢法验证，应采取强制打液体与仪器配合的找窜方法。如采用油管打液体套管测动液面的方法，采用套管打液体油管内下压力计测压的方法进行找窜。

87. 油井出水的原因有哪些？

（1）固井质量不合格，造成套管外窜槽而出水。
（2）射孔时误射水层。
（3）套管损坏使水层的水进入井筒。
（4）增产措施不当，破坏了油井储油层的封闭条件。
（5）生产压差过大，引起底水侵入。
（6）断层、裂缝等造成外来水侵入。
（7）由于邻井注气、注水注穿油层而造成油井出水。

88. 机械找水有哪几种方法？

（1）封隔器分层找水。
（2）压木塞法找水。
（3）找水仪找水。

89. 机械堵水一般有哪几种方式？

机械堵水一般有四种方式：封上采下、封下采上、封中间采两头、封两头采中间。

90. 油井堵水技术的分类有哪几种？

油井堵水技术包括机械堵水技术和化学堵水技术。

91. 机械采油井堵水管柱的分类有哪些？

各种机械采油井堵水管柱一般均采用丢手管柱结构，典型的有机械采油支撑防顶堵水管柱、机械采油整体堵水管柱、机械采油底水管柱、机械采油平衡丢手堵水管柱、机械采油固定堵水管柱五种。

92. 油井出砂的原因是什么？

油井出砂是指在生产压差的作用下，储层中松散沙粒随产出液流向井底的现象。造成油井出砂的原因主要有以下两种：

（1）储层岩石的性质及应力分布是造成油气井出砂的主要原因。

（2）大压差生产、注水开发及增产措施等开采措施是造成油井出砂的另一主要原因。

93. 修井作业常用的管阀配件包括哪些？

修井作业常用的管阀配件包括短节、阀门、活接头、弯头、三通、接头、接箍等。

94. 套管损坏的原因有哪些？

（1）地层运动造成的套管损坏，包括缩径、错断、弯曲等。

（2）长期注水造成泥岩膨胀引起的套管损坏，包括缩径、错断、弯曲等。

（3）化学腐蚀造成的套管损坏，长期腐蚀造成套管穿孔。

（4）井下作业造成的套管损坏。

（5）钢材本身内应力的变化也会使套管破裂。

95. 套管损坏的危害性有哪些？

（1）使生产管柱不能正常下入。

（2）损坏部位大量出水出砂。

（3）使生产管柱被卡。

（4）增产措施无法实施。

（5）造成套管外井喷。

（6）使油水井报废。

96. 套管损坏的类型有哪些?

径向凹陷变形、套管腐蚀孔洞、破裂、多点变形、严重弯曲变形、套管错断(非坍塌形)、坍塌形套管错断。

97. 铅模的用途和结构是什么?

铅模是探视井下套管损坏类型和程度、落物深度、鱼顶形状和方位的专用工具。常用的铅模有平底带水眼式铅模和带护罩式铅模两种形式,由接箍、短节、骨架及铅体组成,中心有直通水眼以便冲洗鱼顶。

98. 打铅模的注意事项有哪些?

(1) 铅模下井前不能有影响印痕判断的伤痕存在。

(2) 下钻速度不宜过快,以免中途将铅模碰变形,影响分析结果。

(3) 下铅模至鱼顶以上一根单根时,开泵冲洗。待鱼顶冲净后加压打印。

(4) 打印钻压一般加压 30kN,特殊情况可适当增减,但增加钻压不能超过 50kN。

(5) 打印加压时只能加压一次,不得二次打印,以免印痕重复难于分析。

99. 印痕分析有几种方法?

目前印痕分析判断仍以对比、模拟、作图、经验等方法为主。

100. 什么是印痕对比分析法?

将铅模打出的印痕形状与理论图形进行对比,找出相同、相近或相似的图形,以此判断井内鱼顶以及套管情况的方法,称为印痕对比分析法。

101. 修井施工专用管材包括哪些?

修井施工专用管材包括方钻杆、钻杆、油管、钻铤、提升短节、配合接头、油管短节等管材以及水龙带、弯头、三通等循环用具配件。

102. 试提作业规程有哪些?

(1) 试提用短节应符合要求,螺纹无损伤,涂润滑脂,旋紧。

(2) 顶丝松紧退到位。

(3) 试提悬重不超过井内悬重200kN。

(4) 指重表或拉力计精度等级符合规定。

(5) 试提时,井口操作台及井口周围10m以内严禁站人,各绷绳桩锚处应专人监视,出现异常立即停止试提。

(6) 在规定悬重内提不动,应停止试提,查明原因,采取相应措施。

103. 常见井下作业事故的类型有哪几种?

(1) 工艺技术事故,如井喷。

(2) 井下卡钻事故。

(3) 井下落物事故。

104. 井下落物的分类有哪些?

井下落物分为4类:管类落物、杆类落物、绳类落物、小件落物。

105. 修井工具按其使用特性分为哪几类?

修井工具按其使用特性可分成以下12大类:检测类、打捞类、倒扣类、切割类、震击类、刮削类、磨铣类、整形类、补贴类、补接类、侧钻类、辅助类。

106. 井下落物的预防措施有哪些?

(1) 施工前摸清套管情况,避免卡钻事故。

(2) 尾管和封隔器深度要适当,减少砂卡。

(3) 下井工具完好,避免因工具损坏和部件散落而造成井下落物。

(4) 避免管柱松脱造成的井下落物。

(5) 井口应装自封封井器。避免因操作不慎造成小物件落井。

(6) 测井、射孔时,操作手要精力集中,避免因遏阻、遇卡,造成仪器、工具落井和电缆落井事故。

107. 井下落物的处理方法有哪些?

(1) 捞出落物:下各种打捞工具将落物整体或分段捞出。

(2) 磨铣落物:下磨铣工具把落物磨铣掉。

108. 处理常规卡钻事故的工艺使用工具有哪些?

套铣筒、倒扣捞矛(筒)、可退捞矛(筒)、安全接头、上震击器、下震击器、作业设备等。

109. 测定卡点有何意义?

(1) 确定倒扣悬重。

(2) 确定管柱切割的准确位置。

(3) 了解套管损坏的准确位置。

(4) 确定管柱被卡类型。

110. 打捞井下落物的原则是什么?

(1) 打捞过程中要确保油、水层不受二次污染与破坏。

(2) 不损坏井身结构。

(3) 处理事故过程中必须使事故越处理越容易,而不能越处理越复杂。

111. 打捞井下落物应按照怎样的工序进行？

（1）下铅模进行井下探测，了解落物鱼顶的位置、形状。

（2）根据落物情况以及落物与套管环形空间的大小，选择合适的打捞工具。

（3）编写施工设计和安全措施，经批准后，按施工设计进行打捞作业。下井工具要画草图，打捞操作要平稳。

（4）对捞获的落物进行分析，写出总结报告。

112. 打捞时安全环保控制措施有哪些？

（1）打捞时，井口安装井控装置。

（2）试提和上下活动管柱时，观察修井机、井架、绷绳、地锚桩和游动系统的工作情况，发现问题立即停车处理，待正常后才能继续施工。

（3）遇卡时，应慢慢活动，分析原因，进行妥善处理。

（4）施工人员各负其责，紧密配合，服从专人指挥。

（5）施工前必须有防火、防爆措施，按规定配备消防器材。

113. 打捞小件落物应选用哪些工具？

在检测清楚落鱼规格、数量、深度、形状后，适当选用一把抓、反循环打捞筒、强磁打捞器、开窗捞筒、钢丝打捞筒等工具都会非常有效。

114. 安全接头的作用是什么？

在如遇下井工具被卡，利用螺杆与螺母之间方螺纹容易卸扣的特点将正扣钻杆正转（或反扣钻杆反转），便可将井下管柱从安全接头的螺杆与螺母处卸开，避免井下事故复杂化。

115. 打捞管类落物的工具有哪些？

滑块捞矛、可退式捞矛、卡瓦打捞筒、开窗捞筒、公锥、母锥等。

116. 打捞杆类落物的工具有哪些?

卡瓦打捞筒、活页捞筒、三球打捞器、外钩等。

117. 打捞绳类落物的工具有哪些?

内钩、外钩、老虎嘴等。

118. 打捞小件落物的工具有哪些?

强磁打捞器、一把抓、反循环打捞篮等。

119. 锥类打捞工具的用途及分类是什么?

锥类打捞工具是一种专门从管类落物（油管、钻杆、封隔器、配水器等下井工具）的内孔或外壁上进行造扣而实现打捞落物的专用工具，打捞成功率较高，操作也较容易掌握。锥形打捞工具分公锥和母锥两种形式。

120. 滑块捞矛的结构及用途有哪些?

（1）结构：滑块捞矛由上接头、矛杆、滑块、锁块及螺钉等组成。

（2）用途：滑块捞矛是内捞工具，它可以打捞钻杆、油管、套铣管、衬管、封隔器、配水器、配产器等具有内孔的落物，又可对遇卡落物进行倒扣作业或配合其他工具使用（如震击器、倒扣器等）。

121. 滑块捞矛的工作原理是什么?

当矛杆与滑块进入鱼腔之后，滑块依靠自重向下滑动，滑块与斜面产生相对位移，使其打捞尺寸逐渐加大，直至与鱼腔内壁接触。上提矛杆时，斜面向上运动的径向分力，迫使滑块咬入落物内壁，抓住落物。

122. 使用可退式打捞矛打捞落物之前应做哪些工作?

必须将卡瓦与芯轴之间涂润滑脂，将卡瓦转动至靠近释放环的位置，使工具处于自由状态。

123. 筒类打捞工具的分类有哪些？

筒类打捞工具是从落物外部进行打捞的工具，包括卡瓦打捞筒、可退式打捞筒、短鱼顶打捞筒、抽油杆打捞筒、测井仪器打捞筒、强磁打捞筒等。

124. 筒类打捞工具的用途？

筒类打捞工具是从落物外部进行打捞的工具，主要用于井内管、杆类落物的打捞。如打捞油管、钻杆本体、抽油杆、下井工具中心管等落物，具有不可退性的筒类打捞工具可以用来倒扣。

125. 卡瓦打捞筒的结构及用途有哪些？

（1）结构：卡瓦打捞筒由上接头、筒体、弹簧、卡瓦座、卡瓦、引鞋等组成。

（2）用途：卡瓦打捞筒是从落鱼外壁进行打捞的不可退式工具，可用于打捞油管、钻杆、抽油杆、加重杆、长铅锤、下井工具中心管等，还可对遇卡管柱施加扭矩进行倒扣。

126. 使用弯鱼头打捞筒打捞的注意事项有哪些？

（1）打捞之前鱼顶情况要清楚。

（2）工具旋转下放时，旋转方向要与工具接头螺纹旋向一致，避免卸扣造成事故。

127. 开窗打捞筒有哪些用途？

开窗打捞筒主要用来打捞长度较短的管状、柱状落鱼或具有台肩的井下落物的工具，如带接箍的油管短节、筛管、测井仪器、加重杆等，也可在工具底部开成一把抓齿形。

128. 开窗打捞筒如何实现打捞？

当落鱼进入筒体并顶入窗舌时，窗舌外胀，其反弹力紧紧咬住落鱼本体，窗舌牢牢卡住台阶即可将落物捞住。起钻时应平稳操作，切勿顿碰与敲击钻柱，以免将落鱼震落再次掉井。

129. 活页式打捞筒打捞杆类落物应当注意什么？

用活页式打捞筒打捞各种抽油杆时，由于落物直径较细，套管直径相对较大，极易受压弯曲变形，增加二次打捞难度。在打捞操作中切不可猛放重压，必须严格按慢放轻压、旋转入鱼、逐级加深、多次打捞的操作。

130. 弯鱼头打捞筒如何实现打捞？

当工具引入落鱼后，缓慢旋转下放钻具，落鱼通过腰形套锥孔进入扁圆孔，继续下放钻具，当悬重下降时，说明鱼头顶住卡瓦座内台阶达到抓捞位置。轻提钻具，卡瓦外锥面与筒体内锥面紧密贴合，卡瓦内齿轻轻咬住落鱼，缓慢上提钻具均匀加力，在卡瓦内外锥面贴合作用下，产生径向卡紧力，将落鱼咬住，提钻即可捞出落鱼。

131. 可退式打捞筒的打捞特点是什么？

（1）卡瓦与被捞落鱼接触面大，打捞成功率高，不易损坏鱼顶。

（2）在打捞提不动时，可顺利退出工具。

（3）篮式卡瓦捞筒下部装有铣控环，可对轻度破损的鱼顶进行修整、打捞。

（4）抓获落物后，仍可循环洗井。

132. 抽油杆打捞筒的分类有哪些？

抽油杆打捞筒是专门用来打捞断脱在油管或套管内的抽油杆的一种工具。从性能上分，有可退式和不可退式；从结构上分，有螺旋卡瓦式、篮式卡瓦式和锥面卡瓦式3种。

133. 钩类打捞工具的分类有哪些？

钩类打捞工具包括内钩、外钩、内外组合钩、单齿钩、多齿钩、活齿钩等类型，钩类打捞工具操作简单、打捞成功率高的特点，是打捞电缆、钢丝绳、录井钢丝绳等绳、缆类的专用工具。

134. 螺旋式外钩的结构和用途是什么？

螺旋式外钩由接头、钩杆、钩齿、螺锥组成，钩齿用钢板割成三角形的小块焊接在钩杆上，钩杆直径比普通外钩大，钩齿采用钢板材料，因此具有较高的强度。螺旋外钩特别适合于打捞电泵电缆。

135. 钩类工具有哪些特点？

钩类工具加工制造简单、打捞成功率高，是打捞电缆、钢丝绳等绳缆类落物的专用工具。

136. 打捞电潜泵电缆要注意哪些问题？

采用外钩打捞电缆必须注意：旋转中要控制圈数，决不是转动的圈数越多越好，过多的旋转会将电缆扭碎，反而降低打捞效果。对于不成型的碎电缆、卡子的打捞多采用老虎嘴和套铣筒，对于电缆碎屑的打捞尽可能采用反冲洗的办法。

137. 使用外钩打捞绳类落物应注意哪些问题？

使用外钩打捞绳类落物时，外钩接头应设有防穿透帽（挡盘），防止外钩插入过深而将接头卡埋，造成新的井下事故。外钩应优先选用活齿外钩，其次为固定齿外钩。

138. 打捞绳类落物有哪些技术要求？

（1）用内外钩打捞绳类落物时，工具上部应有挡环或大接头，防止落物上窜缠绕钻具。

（2）打捞绳类落物时，禁止探鱼头，要防止压死。

(3) 每次打捞绳索时，不应超过鱼顶 10~15m，应采取试捞方式，每次加深 10~15m。

(4) 打捞绳索已捞获后，试提中不能下放钻具。

139. 打通道工艺方法选择原则是什么？

打通道工艺方法选择应遵循"机械为主，化学为辅，保护套管，效益为先"原则。

140. 套管整形类工具的分类有哪些？

目前套管整形工具有机械式整形工具和爆炸法整形工具，机械式整形工具分为冲击胀管类和碾压挤胀类两大类。

141. 平底磨鞋的磨铣工艺钻压的控制方法是什么？

在磨铣与钻进中，应根据不同的落鱼、不同的井深，选用不同的钻压。平底、凹底、领眼磨鞋磨削稳定落物时，可选用较大的钻压。锥形（梨形）磨鞋、柱形磨鞋、套铣鞋与裙边铣鞋等由于承压面积小，不能采用较高的钻压。

142. 磨铣中注意事项有哪些？

(1) 下钻速度不宜太快。

(2) 作业中途不得停泵，以防止磨屑卡钻。

(3) 如果出现单点长期无进尺，应防止磨坏套管。

(4) 在磨铣过程中，应在磨鞋上部加接钻铤或扶正器，以保证磨鞋平稳工作。

(5) 不能与震击器配合使用。

143. 套铣筒的用途和结构有哪些？

套铣筒是与套铣鞋联合使用的套铣工具，其功能除旋转钻进套铣之外，可用来进行冲砂、冲盐、热洗解堵等。套铣筒是由上接头、筒体、套铣鞋组成。

144. 套铣筒套铣的注意事项有哪些?

(1) 下套铣筒时必须保证井眼畅通。在深井、定向井、复杂井套铣时,套铣筒不要太长。

(2) 套铣筒下钻遇阻时,不能用套铣筒划眼。

(3) 井深时,下套铣筒要分段循环修井液。

(4) 下套铣筒要控制下钻速度,由专人观察环空修井液上返情况。

(5) 若套不进落鱼时,应起钻,不能硬铣,避免造成鱼顶、铣鞋、套管的损坏。

(6) 套铣筒入井后要连续作业,当不能进行套铣作业时,要将套铣筒上提至鱼顶50m以上。

(7) 套铣过程中,若出现严重蹩钻、跳钻、无进尺或泵压上升或下降时,应立即起钻分析原因。

145. 补贴加固的优缺点是什么?

补贴加固的优点:(1) 可防止套损井段复位通径减小。

(2) 能防止套损井段进水成为成片套损源。

(3) 补贴加固成本低。

补贴加固的缺点:加固修复后,井眼内通径减小。

146. 磨铣扩径修复套管适用范围是什么?

套管缩径较严重或有一些错断情况下,可以通过使用铣锥磨铣的方法使通径扩大。这种方法有时需要其他修复方法配合,如磨铣后挤水泥或下内衬管等。

147. 套管修复施工的井控要求有哪些?

(1) 所有上井的封井器、采油树均需试压,并有试压合格证。保证各手轮开关灵活、各连接处密封。

(2) 装封井器时,连接部位的钢圈、钢圈槽必须完好无损，清洗干净，涂均匀黄油，螺栓齐全，法兰平整并上紧螺栓，保证密封。

（3）封井器的开关控制装置灵活好用，能随时关闭井口，使井口处于有控状态。

（4）现场一定要按照有关井控工作管理制度进行操作，定期进行防喷演习。

148. 套管修复的目的是什么？

套管修复的目的通常是封堵射孔井段或套管穿孔、漏失井段，或对套管变形井段进行修复，以恢复正常生产的需要等。

149. 套管修复的方法和种类有哪些？

挤水泥封固、通胀整形、磨铣扩径、爆炸整形、套管波纹管补贴、套管内衬管补贴、套管外衬、套管补接、取套换套。

150. 套损卡阻管柱及配件如何处理？

（1）取出套损卡阻点以上管柱（切割或倒扣）。

（2）下击落鱼，让出卡阻部位。

（3）铅模打印检测套损状况。

（4）修复套损部位，捞取落鱼。

151. 套损井治理的方法有几种？

（1）对于套管变形、缩径尺寸较小的井，应用提升能力大的修井机，采用辊子整形器、胀管器、滚珠整形器等对套管损伤较小的治套工具进行治套施工。

（2）对于800m以内套管破损、断错、严重变形的套损井，采取取套换套的方式治理。

（3）套管缩径变形尺寸在40～90mm的套损井，采用先整形扩径后加固的方式治理。

152. 怎样活动管柱解除砂卡?

对卡钻时间不长或卡堵不严重的井,可采取多次缓慢上提或下放管柱的方法,使砂子松散解除卡钻事故。

153. 在哪种情况下可以采取活动管柱法进行解卡?

在原井工艺管柱被卡,如砂埋卡、死油死蜡卡阻、化学堵剂卡阻、小物件卡阻、下井工具如封隔器失灵卡阻等,应当优先选用活动管柱法进行解卡。

154. 怎样解除小件落物在环空卡阻管柱?

(1) 上下反复活动管柱。
(2) 采用震击法解卡。
(3) 套铣法解卡。
(4) 拨捞法捞取环空小物件。

155. 冲砂作业对修井机或泵车有哪些要求?

冲砂过程中修井机不得熄火,泵车不得停泵,泵车出现故障应马上上提冲砂管柱至安全位置;设备出现故障要大排量冲出混砂液,防止出现砂埋卡死冲砂管柱的井下事故。

156. 如何利用活动解卡的方法处理电潜泵管柱被卡事故?

对露出井口的电缆可以重新用卡子固定在上部油管上,以求油管和电缆在试提时,同步上行。上提时尽量采用能使管柱活动的最小负荷,缓慢上提,当上提至某一位置后负荷直线上升时,慢慢下放管柱后再缓慢上提,如此反复活动数次解卡。

157. 处理卡钻事故的技术要求有哪些?

(1) 钻具被卡后,要分析卡钻原因,研究有针对性的解卡措施,一般要尽量保持循环,并配合活动钻具,每活动3~

5次要上提一次钻具,防止强拔,要争取在卡钻初期解卡。

(2) 发现卡钻后,立即检查设备各部位,若存在问题要立即整改,处理被卡钻具时要派专人看守绷绳。

(3) 解卡时必须校对指重表,上提拉力要在设备以及钻具的安全负荷之内,防止出现其他事故。

(4) 在活动钻具、强拔等措施不能奏效时,应考虑采取套铣、倒扣等措施进行解卡。

158. 造成水泥凝固卡的主要原因有哪些?

(1) 挤注灰浆时间过长,超过了水泥浆初凝时间,水泥凝固卡住管柱。

(2) 配灰浆水质不符合标准,水泥浆提前凝固卡住施工管柱。

(3) 使用的水泥标号与井温不符,水泥浆提前初凝。

(4) 注完水泥浆没有及时上提管柱或反冲洗,致使管柱被卡。

(5) 憋压法挤水泥浆时没有检查上部套管破损,使水泥浆大量进入破损处,候凝时从破损处溢出,凝固卡住管柱。

(6) 水泥失效或添加剂用量不准确,水泥浆提前凝卡住管柱。

(7) 挤灰浆时,管柱丈量或计算错误,使施工管柱固死在井内。

(8) 管柱螺纹没有上紧,挤注水泥浆时管柱脱扣,使管柱固死在井中。

159. 造成油水井层间或套管外窜通的原因是什么?

(1) 固井质量差引起的窜通。

(2) 射孔时振动太大,在靠近套管壁处的水泥环被振裂,形成了窜通。

(3) 管理措施不当引起窜通。
(4) 分层作业引起窜通。
(5) 套管腐蚀造成窜通。

160. 关井时注意哪些事项有哪些?

(1) 关井前,必须保证井内流体有畅通的通道。
(2) 关井前,必须熟悉各阀门的开启状态。
(3) 关井必须由专人统一指挥,关井必须果断,保证关井一次成功。
(4) 长期关井应用手动锁紧装置,锁紧闸板。
(5) 观察关井后的各种现象。
(6) 关井套压的确定。
(7) 关井立管压力的确定。

161. 永久报废的"四无"要求是什么?

永久报废的"四无"要求即井内无落物、层间无窜通、井内无窜流、井口无溢流。

162. 套铣钻头分为哪几种类型?

根据套铣钻头齿形可分为复合片套铣钻头和圆弧齿套铣钻头;根据套铣钻头的形状可分为喇叭口套铣钻头和一般套铣钻头;根据套铣钻头的作用可分为套铣水泥环钻头、套铣非封固段钻头、套铣放气管及管外封隔器扶正器钻头和套铣断口专用钻头等。

163. 套铣的施工步骤是什么?

套铣的施工步骤包括套铣水泥帽、套铣非封固段、适时取套、套铣水泥环、套铣管外裸眼封隔器、套铣断口等。

164. 取套作业时,如何套铣井口以下水泥帽?

套铣水泥帽时,可用全钻压进行,排量不低于 $1.3m^3/min$

或上返速度不低于 0.8m/s，转数 100~120r/min，不应有跳钻、钻具摇摆等异常现象发生。

165. 取套作业时，套铣有放气管井段水泥帽有哪几种方法？

（1）分取法。
（2）同步法。
（3）磨铣法。

166. 取套作业时，如何套铣无水泥封固井段？

套铣无水泥封固井段时，转数可控制在 120~150r/min 以内，排量保持在 1.3~1.6m³/min 以内，钻压应保持基本恒定。

167. 取套作业时，为什么要适时取套？

含在套铣筒内的套管过长时，套管会靠在套铣筒内壁上，使套铣筒和套管之间产生摩擦，高速旋转的套铣筒会将套管损坏，不及时取出套管会造成卡钻等事故。

168. 取套作业时，如何套铣管外裸眼封隔器？

（1）套铣管外裸眼封隔器及以下水泥环应更换 Ⅱ 型套铣专用钻头。

（2）更换钻头前应划眼 2~3 次，循环工作液 2~3 周，通畅则可起出套铣筒，更换钻头。

（3）重新入井的套铣钻具应调换顺序，螺纹涂防黏扣密封脂。

（4）套铣封隔器及水泥环时，钻压应控制在 50~80kN，转数应控制在 80r/min 以内，工作液循环排量不低于 1.5m³/min。

（5）钻进进尺缓慢或无进尺、旋转扭矩增大、循环泵压升高等异常现象出现时，应停止钻进，上提钻具 10~20m，判明原因处理正常后可继续钻进。

169. 取换套作业时,如何套铣断口?

(1) 套铣断口时,应用方钻杆连续套铣并通过套管错断口,不应将套铣钻头及以上第一根套铣筒提离断口。

(2) 套铣通过断口时的钻压应严格控制在 20~30kN,转数控制在 60r/min 以内,循环排量不低于 $1.3m^3/min$ 或工作液上返速度不低于 0.8m/s,但泵压不应超过 8MPa,以免工作液在断口处大量漏失。

170. 取换套作业时,如何处理回接部位?

(1) 若下断口规整、光滑,则可直接下入回接管串回接。

(2) 断口不利于回接时,应修整断口,使端面规整、光滑,以利于回接工具引入抓捞。也可在断口以下避开接箍处进行切割并取出,为回接工具抓捞创造条件。

(3) 需对扣回接时,应在断口以下保留完好接箍,将接箍以上套管倒出。

171. 钻具内防喷工具有几种?

钻具内防喷工具包括方钻杆旋塞阀和钻具回压阀两种。

172. 导管的作用是什么?

导管的作用是钻井钻进时,开始建立起泥浆循环,保护井口部分的地表层,引导钻具钻进,保证井眼钻凿垂直。

173. 表层套管的作用是什么?

表层套管的作用是加固地层上部疏松岩层的井壁和安装防喷器,防止钻进过程中发生井喷事故。

174. 为什么会出现井漏?

井漏主要是油、气层在长期开采中,未得到注水补充能量或补充能量不足,造成油、气层能量亏空较大,油、气层静压低于静水柱压力太大的结果。

175. 钻铤分为几种？

钻铤有两种：一种是一端为内螺纹、一端为外螺纹的"中间钻铤"；另一种是两端均为内螺纹的"钻头顶部钻铤"。

176. 侧斜井应用于哪几方面？

侧斜修井方法是油田生产后期使套损井恢复生产的重要手段，它可以使用一般方法不能修复的井重新投入恢复生产，主要应用于以下几方面：

（1）对于套损深度超过800m，油层部位套管错断、破裂、外漏的井，在保证彻底封固原井眼射孔段的条件下采用侧斜技术。

（2）对于打开通道实施取套未成的油水井，在彻底封固原井眼射孔段的条件下，可以应用侧斜技术恢复生产。

（3）对于井塌、吐沙严重、井下落物卡阻无法打捞的油井，可以应用侧斜技术恢复生产。

177. 侧斜修井的主要技术指标是什么？

最大井斜角小于3°，方位控制在设计范围内，井眼曲率小于5°/25m，井底水平位移小于30m。

178. 目前大庆油田侧斜井选用的井身剖面是什么？

直井段—侧斜段—稳斜段—降斜段。

179. 侧斜施工中的钻具结构是什么？

钻具组合设计是保证侧斜井顺利施工的关键，根据侧斜井的钻进特点，应用钻柱力学分析程序进行了钻具结构分析，得出钻具结构如下：

（1）侧斜段：

ϕ215mm 牙轮（P2）钻头 + ϕ165mm 螺杆 × 1 根 + 1.75°弯

接头+φ159mm无磁钻铤×1根+φ159mm钻铤×3根+φ127mm钻杆。

（2）稳、降斜段：

φ200mmPDC钻头+φ159mm无磁钻铤×1根+φ159mm钻铤×1根+φ198mm螺扶+φ159mm钻铤×1根+φ198mm螺扶+φ159mm钻铤×9根+φ127mm钻杆。

180. 侧斜井施工中，井漏的危害有哪些?

（1）耗费大量的人力、物力和财力，增加额外作业成本。

（2）耽误大量的生产时间。井漏问题不解决，一般无法进行下一步作业。

（3）固井作业和固井质量无法保证。

（4）可能对油层造成污染。

（5）不能及时处理井漏可能会引起上部井眼坍塌，使发井塌卡钻的机率增加。

（6）井漏将使液柱压力降低，可能会使地层流体进入井眼，造成井涌或井下井喷。

（7）导致部分井段或全井段的报废。

181. 侧斜井施工中，井塌可能产生的后果有哪些?

（1）钻井液性能不稳定，密度、黏度、切力、含砂量要升高。

（2）泵压增高或憋泵，极易憋漏地层。

（3）旋转扭矩增加或憋死，造成卡钻。

（4）井径变大，不能有效地将岩屑携出，从而造成环空液柱压力增大。

（5）井下沉砂太多，使电测仪器下不到底。

（6）下套管不到位。

（7）耗费大量的人力、物力和财力，增加额外作业成本。

(8) 耽误大量的生产时间。

182. 侧斜井施工中,卡钻有哪些种类?

卡钻就是钻具失去了活动的自由,既不能转动又不能上下活动。卡钻可分为:粘吸卡钻、坍塌卡钻、砂桥卡钻、缩径卡钻、键槽卡钻、泥包卡钻、落物卡钻、干钻卡钻、水泥卡钻等多种卡钻。

183. 侧斜井施工中,滤饼的形成有哪三种原因?

(1) 吸附,钻井液中的固相颗粒吸附在岩石表面,无论砂岩、泥岩都有这种特性。

(2) 沉积,钻井液在流动过程中,靠近井壁的流速几乎等于零,钻井液中的固相颗粒便沉积在井壁上。泥页岩井段的井径要比砂岩井段的井径大得多,沉积作用更为显著,所以泥页岩井段容易形成厚滤饼。

(3) 滤失作用,它加速了钻井液中固相颗粒在渗透性岩层表面的沉积。地层孔隙压力和钻井液液柱压力的压差存在,是形成粘吸卡钻的外在原因。

184. 侧斜井施工中,泵压上升的原因有哪些?

(1) 钻井液密度不均匀。

(2) 钻头水眼堵。

(3) 井塌造成环空不畅。

(4) 钻头、扶正器泥包。

(5) 钻速快至使环空砂子过多。

(6) 划眼时下放速度过快,引起泵压升高。

185. 在取套和侧斜施工中,钻井泵在工作时存在排量与压力波动,会造成什么后果?

(1) 影响泵和地面管汇,尤其是水龙带的连接处的强度和使用寿命。

（2）降低了泵的机械效率和容积效率。

（3）因排量和压力波动，使携砂能力降低。

（4）使发动机受载不均，影响其使用寿命。

186. 侧斜工艺对修井设备的要求主要有哪些？

（1）具有一定的提升能力和提升速度。

（2）具有一定的旋转钻进能力，即给钻具提供一定的转矩和转速。

（3）具有一定的洗井能力，即能够提供一定的泵压和排量，将井底破碎的岩屑顺利地携带到地面。

187. 侧斜井施工中，新钻头入井后要注意些什么？为什么？

新钻头入井后，在裸眼井段的下放速度要慢，遇阻要划眼。因为原钻头可能规径磨小形成锥形井眼，新钻头进入速度如果过快容易造成损坏钻头或拔不出来。

新钻头到达井底后，应小钻压、低转速磨合钻头一段时间后再提高钻进参数。因为一开始钻进就使用高参数容易造成钻头的先期磨损。

188. 侧斜井施工中，钻具上扣时为什么要按照规定的扭矩要求上扣？

防止上扣不到位或者上扣扭矩过头，以保证钻具不被涨坏、不被粘扣、不被拧断等；否则可能会造成刺钻具、断钻具、钻具落井等井下事故；必须保证按照规定的扭矩上扣，防止井下事故的发生。

189. 侧斜井施工中，如何测量牙轮钻头规径的磨损？

规径磨损的测量应遵循"2/3原则"，即用钻头量规接触两个牙轮的最外缘点，测量出第三个牙轮的最外缘点与量规的距离，将此数值乘以 2/3，换算成 1/16（或 1.6mm）的单位，即为规径的磨损值。

190. 侧斜井施工中，钻柱在井内受哪些力的作用？

钻柱在井内受轴向拉力和压力、弯曲力矩、离心力、扭矩、纵向振动、扭转振动和动载等力的作用。

191. 侧斜井施工中，稳定器（扶正器）用途有哪些？

（1）在增斜钻具组合和降斜钻具中，稳定器起支点作用，通过改变稳定器在下部钻具组合中的位置，可改变下部钻具的受力状态，达到控制井眼轨迹的目的。

（2）增加下部钻具组合的刚度，达到稳定井斜和方位的目的。

（3）修整井眼，使井眼曲率变化平缓、圆滑。

192. 侧斜井施工中，牙轮钻头下井前应当做哪些检查？

（1）检查螺纹及台肩有无损伤。

（2）检查牙轮轴承是否完好。

（3）检查牙齿是否完好，是否有咬齿现象。

（4）检查水眼安装是否合理。

（5）检查扣型与配合接头是否一致。

193. 侧斜井施工中，牙轮钻头起出后，通常要对钻头进行哪些检查与分析？

（1）轴承晃动情况。

（2）牙齿磨损情况。

（3）外径磨损情况。

（4）有多少颗掉齿和断齿。

（5）水眼冲蚀情况。

（6）分析上述情况发生的原因，并采取改进措施。

194. 侧斜井施工中，使用 PDC 钻头或牙轮钻头进尺较多的情况下，进行短途起下钻都有哪些好处？

（1）可以检查钻井液排量是否能够满足井眼的清洗条件，所钻岩屑是否都已返到地面，井内是否有砂桥。

（2）可以及时发现井内是否有缩径井段。

（3）如果上提钻具无遇卡显示，但卸扣时转盘有倒劲，则说明新井段可能已打斜，应及时测斜证实是否已打斜，以便及时采取措施处理。

195. 侧斜井施工中，卡钻的类型通常分几种？

卡钻的类型通常分 8 种：井塌卡钻、沉砂卡钻、泥包卡钻、压差卡钻、缩径卡钻、键槽卡钻、砂桥卡钻、落物卡钻。

196. 侧斜井施工中，什么叫钻柱中和点？

钻柱的总重量减去给钻头加压所用的那部分钻柱的重量，而形成一个即不受拉又不受压的位置，就叫钻柱的中和点。（另：钻具中和点是指钻具在井下工作时既不受压也不受拉的位置；通常将中和点的位置加在钻铤或加重钻杆上；忌讳将中和点加在钻杆或震击器上）。

197. 侧斜井施工中，非磁钻铤用途是什么？

非磁钻铤用途是为磁性测斜仪器提供一个不受钻柱磁场影响的测量环境，即为了消除磁力对井下仪器的干扰，使仪器能够正常工作，同时更加准确的获取井下及地层的相关数据。

198. 侧斜井施工中，起下钻速度太快都有哪些害处？

（1）容易把井压漏或造成井壁垮塌。

（2）如已钻遇油气层，会造成诱喷。

（3）对刹车鼓和刹车带造成严重磨损。

（4）加快钢丝绳的磨损。

（5）容易发生意外事故。

199. 侧斜井施工中，下套管之前都应做好哪些准备工作？

（1）井眼准备，认真进行通井或划眼，处理好钻井液，保证下套管畅通无阻。

（2）工具准备，包括套管吊卡、套管大钳（或钳头），灌钻井液管线及配合接头、管线上的控制阀门、遇阻时用的循环接头、套管单根吊卡、相应尺寸的套管头及卡瓦或者卡盘、上扣用的旋绳及吊套管的绳索、套管扶正台及配件等。

（3）材料准备，主要有水泥添加剂和水泥，备足固井用水。

（4）技术措施准备，计算好水泥用量及替钻井液量，做好稠化及凝固试验，制订好施工步骤。

（5）如无自动灌浆装置，准备灌浆管线、循环头及循环管线。

（6）准备套管胶皮护丝、合适的吊带等。

（7）设备准备，除了固井车、供水车之外，井队的两台大泵也必须完好，保证注灰、循环或替钻井液时不出任何故障。

200. 侧斜井施工中，在往套管内灌钻井液时，有时候会有大量气泡返出，甚至会喷出几米高，这是否是井喷预告？如何处理？

这不是井喷预兆。主要原因是不及时灌钻井液或多次都没灌满，掏空井段太长，里边存了大量的空气。停下灌钻井液时，排量过大，把空气压在套管里，造成了灌满的假象。过一会气体喷出，钻井液下沉，上部套管内就又空了。因此，下套管时要坚持连续灌钻井液。如停下灌钻井液时，注意排量要适当，以防止把钻台喷脏，影响操作。

但有一点应当注意，如果井口与套管内一起外溢或反喷时，则是井喷预兆，应严加提防，同时也说明回压阀已失灵。

如果只是从套管内返喷或外溢，并且时间较长，而环空却无钻井液外溢，这说明回压阀已被压坏失灵。环空的钻井液密度大于套管内的钻井液密度，由于压差的关系就从套内往外溢。再接2个单根下井，如果套管内仍有钻井液，环空仍无变化，则说明判断正确。

201. 侧斜井施工中，浮箍的作用是什么？

浮箍与浮鞋大体相似。浮箍使套管不完全充满钻井液而浮在井眼中。当套管下入井眼，套管外面液柱压力关闭回压阀而阻止钻井液进入套管。浮箍可接在第一根、第二根或第三根套管上，起防止水和钻井液回流、产生压差改善水泥固结的作用；定位固井胶塞，防止固井时替空。大多数情况下，浮箍在浮鞋上有一段距离，当套管内的水泥浆被替完，浮箍与浮鞋之间的套管内有一段水泥浆，以确保此段套管能被很好地固结。

202. 侧斜井施工中，通井划眼的作用是什么？

为了保证套管能顺利下入井内和提高固井质量，在下套管前要进行通井和划眼，具体作用是：

（1）保证井眼畅通，使套管能顺利下入。

（2）清除封固段尤其是高渗透层井壁上的浮滤饼，提高封固质量尤其是第二界面的胶结质量。

（3）通井划眼到井底后进行钻井液性能处理，提高固井顶替效率。

（4）在进行钻井液性能处理的同时要求大排量洗井，有利于套管顺利下到井底和提高固井质量。

203. 侧斜井施工中，下套管时为什么要及时灌浆？

（1）降低套管内外的压差，保护浮箍或浮鞋的回压阀。
（2）加大管串重量，顺利快速下套管。
（3）防止套管掏空过多而挤坏。
（4）及时准确读取大钩负荷，减少卡阻机会。

204. 套管在油井中所起的作用是什么？

（1）防止井壁垮塌。
（2）封隔油层以下的高压淡水和高压盐水层。
（3）封隔低压漏失层，只允许在井眼内产油。
（4）阻止水和钻井液进入油层。
（5）提供一种控制油井压力的手段，以便完井试油和投入生产。

205. 在套管柱上安装扶正器有哪些好处？

（1）能较有效地防止套管被卡。
（2）使水泥环均匀。
（3）扶正井内套管，保证套管居中，提高顶替水、钻井液效率。
（4）使套管在井内处于中间位置，能防止水泥上返时窜槽，保证固井质量。
（5）由于保证了固井质量，因此能有效地防止油、气、水层窜槽。

206. 在取套和侧斜井施工中，振动筛的工作原理是什么？

钻井液经过进浆口流到振动筛筛布上面，电动机带动偏心块进行高速运转，导致筛布及框架进行规律性振动，钻井液则在振动作用下进行分离，钻井液及直径较小的颗粒向下流入钻井液池,直径较大的颗粒则被排出。

207. 侧斜井施工中,如何区分除泥器和除砂器?

一般把直径为 152.4~304.8mm 的旋流器叫"除砂器",把直径 50.8~152.4mm 的旋流器叫"除泥器"。

208. 侧斜井施工中,钻井液中的固相分哪几类?

按钻井液中的固相作用可分为两类:一是有用固相,如膨润土、化学处理剂、加重剂等;另一类是有害固相,主要是钻井过程中进入钻井液中的钻屑。

209. 侧斜井施工中,"三除一筛"指的是什么?

"三除"指除砂、除气、除泥;"一筛"指振动筛。

210. 侧斜井施工中,含砂量高有哪些危害?

(1) 钻井液密度升高,降低机械钻速。

(2) 滤饼中含砂量升高,滤饼渗透率增大,失水增大。

(3) 滤饼表面摩擦系数增加。

(4) 钻头、钻柱、泵等机械设备磨损严重。

211. 侧斜井施工中,影响岩屑携带的几个因素是什么?

(1) 环空流速。

(2) 密度。

(3) 黏度。

212. 侧斜井施工中,起钻为什么要灌钻井液?

(1) 平衡地层压力,防止井壁垮塌。

(2) 平衡油气层压力,防止井喷。

213. 侧斜井施工中,长时间停工后下钻为什么要中途顶钻井液或循环钻井液?

钻井液长时间静止后会发生絮凝,流动性变差,下钻时环空的钻井液上返缓慢,甚至会不返钻井液,顶钻井液的目的是破坏钻井液的絮凝,增强钻井液的流动性,使井眼畅通,以防止下钻到底开泵困难。

214. 水泥浆过多失水会产生哪些后果?

水泥浆过多失水,会使水泥浆出现增稠或"骤凝"现象,使水泥浆流动度大大下降,导致挤注水泥施工作业过程阻力增大,造成憋泵。

215. 注塞或挤水泥前,对油井水泥有哪些要求?

(1)水泥配制成的水泥浆应具有良好的流动性。

(2)水泥浆在井下温度和压力条件下保持稳定性。

(3)水泥浆挤、注入到规定位置后,能控制在要求时间内凝固,固化后原始体积变化极小。

(4)水泥浆在配制和注入时,它的密度允许通过添加剂来调节,并保持要求的强度、流动性能和稠化时间。

(5)当地层含有盐溶液特别是硫酸盐溶液时,要求水泥石具有一定的抗腐蚀性。

(6)凝固的水泥石强度发展较快,短期内达到要求的抗压强度和较低的渗透性,同时还具有较低塑性(适用于射孔需要,不产生过多水泥石裂缝)。

(7)要求同一品种水泥的化学成分及其矿物组成不应有过大差别,以保持水泥质量的稳定,而且还应容易接受添加剂的处理。

216. 套管外窜槽的原因是什么?

(1)固井质量差引起的窜槽。

(2)射孔振动较大,靠近套管壁外的水泥环被振裂,形成的窜槽。

(3)由于油水井管理措施不当而造成地层坍塌,形成管外窜槽。

(4)由于被套管腐蚀或损坏,使套管失去了密闭作用,从而造成未射孔的套管所封隔的高压水或油、气与其他层的窜槽。

217. 地层窜通的原因是什么?

(1)地层形成纵向大裂缝或裂缝带。

(2)构造运动或地震波击造成的。

(3)由于压裂、酸化改造中某些措施不当,沟通或压穿了本井的其他地层。

(4)稠油井多轮蒸汽吞吐作业,放喷时,由于工作制度选择不当,造成井底压差过大,导致油气井大量吐砂,将地层结构破坏。

218. 声幅测井找窜时,声波幅度的衰减与哪些因素有关?

声幅测井找串时,声波幅度的衰减与水泥和套管、水泥和地层的胶结程度有关。

219. 声幅曲线幅度的高与低说明什么?

(1)在一般情况下,水泥固结程度好,声幅曲线的幅度低。

(2)水泥固结差,声幅曲线的幅度高。

(3)在套管接箍处固结差,曲线幅度异常低。

(4)在水泥面处,曲线发生由高幅度到低幅度的突变。

(5)因此,根据声幅曲线就可判断水泥胶结的好坏,而水泥胶结的好坏是油井是否发生管外窜通的主要原因。

(6)当套管与水泥固结差时,一般可能形成窜通。

(7)当套管与水泥固结好或较好时,套管外窜通的可能性小。

(8) 套管外无水泥胶结时,窜通的可能性最大。

220. 机械式内割刀的使用方法是什么?

(1) 机械式内割刀下到预定深度,切割位置要避开接头或接箍。

(2) 正转三圈,使滑牙片与滑牙套脱开;下放钻具,加压 5~10kN,坐稳卡瓦。

(3) 以 10~18r/min 的慢转速正转切割工具,切割过程压力不宜加大,要避免蹩钻,保护刀片。

(4) 每次下放 1~2mm,不得超过 3mm,当下放钻具总长超过 32mm 时,切割完成,钻具应该旋转自如,无反扭矩现象,这时可以把转速提高到 25~30r/min,并重复加压 5kN 两次,若扭矩值不再增加,即证明管柱已被切断。

(5) 停止转动,缓慢上提,使刀片复位,如无阻力,即可将割刀起出。

221. 水力式外割刀的工作原理是什么?

水力式外割刀靠洗井液的压差给活塞加压传至进刀套剪断销钉,在压差的持续作用下,进刀套下移推动刀片绕刀销轴向筒内转动,此时旋转工具管柱,刀片就切入管壁直至切断。

222. 压井方式的选择方法是什么?

(1) 对有循环通道的井,可优先选用循环法全压井或半压井。

(2) 对没有循环通道的井,可选用挤注法压井。

(3) 对压力不大、作业施工简单、作业时间短的井,选择灌注法压井。

223. 注水井关井降压的要求是什么?

提前24h通知采油队关井降压,若在高寒区,注意防止冻坏井口设备和冻结管线,应采取放溢流降压方法,开始2h,溢流量控制在$2m^3/h$以内,以后逐渐增大,最大不超过$10m^3/h$。

224. 常见井下作业事故的类型有哪几种?

(1) 工艺技术事故,如井喷。
(2) 井下卡钻事故。
(3) 井下落物事故。

225. 完井方法有哪几种?

完井方法包括射孔完井法、裸眼完井法、衬管完井法、砾石充填完井法。

226. 射孔的目的是什么?

射孔的目的是沟通地层和井筒,产生流体流通通道。

227. 井身结构的组成是什么?

井身结构主要由导管、表层套管、技术套管、油层套管和各层套管外的水泥环等组成。

228. 导管及其作用是什么?

井身结构中下入的第一层套管称为导管。导管作用是保持井口附近的地表层。

229. 表层套管及其作用是什么?

井身结构中第二层套管称为表层套管,一般为几十至几百米,下入后,用水泥浆固井并返至地面。表层套管作用是封隔上部不稳定的松软地层和水层。

230. 技术套管及其作用是什么?

表层套管与油层套管之间的套管称为技术套管,是钻井中途遇到高压油、气、水层及漏失层和坍塌层等复杂地层时，为钻至目的层而下的套管，层次由复杂层的多少而定。技术套管作用是封隔难以控制的复杂地层，保持钻井工作顺利进行。

231. 油层套管及其作用是什么？

井身结构中最内的一层套管称为油层套管。油层套管的下入深度取决于油井的完钻深度和完井方法。一般要求固井水泥返至最上部油、气层顶部 100~150m。油层套管作用是封隔油、气、水层，建立一条供长期开采油、气的通道。

232. 硫化氢的特性有哪些？

硫化氢具有剧毒性、无色、有臭味、使嗅觉神经瘫痪、比空气重、易爆易燃、强腐蚀性等特性。

233. 防喷器按额定工作压力共分哪五个等级？

14MPa，21MPa，35MPa，70MPa，105MPa。

234. 防喷器压力等级选用的原则是什么？

防喷器压力等级的选用，原则上应不小于施工层位目前最高地层压力和施工用套管抗内压强度以及套管四通额定工作压力三者中最小者。

235. 防喷设备选择主要考虑哪三个因素？

防喷设备选择主要考虑压力级别、通径尺寸、组合形式三个因素。

236. 手动闸板防喷器主要组成是什么？

手动闸板防喷器主要由壳体、闸板总成、侧门、闸板芯子、手控总成及密封装置等组成。

237. 内防喷工具按安装位置可分为哪几种？

内防喷工具按安装位置可分为井口内防喷工具、井下内防喷工具、井筒防喷工具。

238. SFZ18-21 的含义是什么？

S 表示手动；F 表示防喷器；Z 表示单闸板；18 表示通径为 180mm；21 表示工作压力为 21MPa。

239. 井下作业井控规定对放喷管线安装有何要求？

放喷管线安装在当地季节风的下风方向，接出井口 30m 以外，高压气井放喷管线接出井口 50m 以外，通径不小于 50mm，放喷阀门距井口 3m 以外，压力表接在内控管线与放喷阀门之间，放喷管线如遇特殊情况需要转弯时，转弯处要用锻造钢制弯头，每隔 10~15m（填充式基墩或标准地锚）固定。出口及转弯处前后均固定。

240. 井喷失控的主观原因是什么？

（1）井控意识不强，违章操作。

（2）起管柱产生过大的抽汲力。

（3）起管柱时不灌或没有灌满修井液。

（4）施工设计方案中片面强调保护油气层而使用的修井液密度偏小，导致井筒液柱压力不能平衡地层压力。

（5）井身结构设计不合理及完好程度差。

（6）地质设计方案未能提供准确的地层压力资料，造成使用的修井液密度低，致使井筒液柱压力不能平衡地层压力。

（7）发生井漏未能及时处理或处理措施不当。

（8）注水井不停注或未减压。

241. 井喷发生后的安全处理措施有哪些？

（1）在发生井喷初始，应停止一切施工，抢装井口或关闭防喷装置。

（2）一旦井喷失控，应立即切断危险区的电源、火源及动力熄火。

(3) 立即向有关部门报警,消防部门要迅速到井喷现场值班,准备好各种消防器材,严阵以待。

(4) 在人员稠密区或生活区要迅速通知熄灭火种。

(5) 当井喷失控,短时间内又无有效的抢救措施时,要迅速关闭附近同层位的注水、注蒸汽井。

(6) 井喷后未着火井可用水力切割严防着火。

(7) 尽量避免夜间进行井喷失控处理施工。

242. 现场井控装备的安装、试压、检验要求是什么?

(1) 现场安装前要认真保养防喷器,并检查闸板芯子尺寸是否与所使用管柱尺寸相吻合,检查配合三通的钢圈尺寸、螺孔尺寸是否与防喷器、套管四通尺寸相吻合。

(2) 防喷器安装必须平正,各控制阀门、压力表应灵活可靠,上齐上全连接螺栓。

(3) 防喷器控制系统必须采取防冻、防堵、防漏措施,安装在距井口25m以外,保证灵活好用。

(4) 全套井控装置在现场安装完毕后,用清水(冬季加防冻剂)对井控装置连接部位进行试压。试压到额定工作压力的70%。

(5) 放喷管线安装在当地季节风向的下风方向,接出井口30m以外,高压气井放喷管线接出井口50m以外,通径不小于50mm,放喷阀门距井口3m以外,压力表接在内控管线与放喷阀门之间,放喷管线如遇特殊情况需要转弯时,要用钢弯头或钢制弯管,转弯夹角不小于120°,每隔10~15m用地锚或水泥墩固定牢靠。压井管线安装在上风向的套管阀门上。

(6) 若放喷管线接在四通套管阀门上,放喷管线一侧紧靠套管四通的阀门应处于常开状态,并采取防堵、防冻措施,保证其畅通。

243. 作业过程中井控工作的主要内容是什么?

作业过程中井控工作主要是指在作业过程中按照设计要求,使用井控装备和工具,采取相应的技术措施,快速安全控制井口,防止井涌、井喷、井喷失控和着火、爆炸事故的发生。

244. 闸板防喷器的作用是什么?

(1) 当井内有管柱时,能封闭管柱与套管之间的环空。

(2) 能封闭空井。

(3) 在特殊情况下用剪切闸板能剪断管柱并全封井口。

(4) 在必要时半封闸板能悬挂管柱。

(5) 在封井情况下,壳体上的旁侧法兰可连接管汇进行节流、压井和放喷等作业。

(6) 封井后在两个单闸板防喷器的配合下,可强行起下作业。

245. 闸板防喷器有哪几处密封起作用才能有效密封井口?

有四处密封:闸板顶部与壳体密封、闸板前部与管柱的密封、壳体与侧门(盖)的密封、闸板轴与侧门(盖)的密封。

246. 自封封井器在井下作业中的作用是什么?

(1) 在一定的油套环空压力下,自动密封油管环空。

(2) 扶正油管及刮蜡。

(3) 防小件管物落入井内。

247. 井下作业队施工前应做好哪些井控准备工作?

(1) 对在地质、工程和施工设计中提出的有关井控方面的要求和技术措施要向全队职工进行交底,明确作业班组各岗位分工,并按设计要求准备相应的井控装备及工具。

(2) 对施工现场已安装的井控装备在施工作业前必须进行检查、试压合格,使之处于完好状态。

(3) 施工现场使用的放喷管线、节流及压井管汇必须符合使用规定,并安装固定试压合格。

(4) 施工现场应备足满足设计要求的压井液或泥浆加重材料及处理剂。

(5) 钻台上(或井口边)应备有能连接井内管柱的旋塞或简易防喷装置作为备用内、外防喷工具。

(6) 建立开工前井控验收制度,对于高危地区(居民区、市区、工厂、学校、人口稠密区、加油站、江河湖泊等)、气井、高温高压井、含有毒有害气体井、射孔(补孔)井及压裂酸化井等开工前必须经双方有关部门验收,达到井控要求后方可施工。

248. 软关井的优缺点有哪些?

软关井优点是可以避免突然关井而产生的水击效应,万一套管压力变得过高,还可以采用其他的井控方法(如低节流压力法等),所以关井比较安全。软关井缺点是关井时间比较长,在关井的过程中地层流体还会继续进入井内。

249. 硬关井的优缺点有哪些?

硬关井优点是关井时间比较短,可以迅速制止地层流体进入井内。硬关井缺点是关井时容易产生水击现象,使井口装置、套管和地层所承受的压力急剧增加,甚至超过井口装置的额定工作压力、套管抗内压强度和地层破裂压力,而造成井口失控。

250. 井控设备的功用有哪些？

（1）及时发现溢流。

（2）能够关闭井口，密封管柱内和环空的压力。

（3）允许井内流体可控制地排放。

（4）处理井喷失控。

251. 防喷器每使用完一口井都要进行全面的清理、检查，检查内容包括哪些？

（1）将防喷器各处油污、泥砂清洗干净。

（2）检查各处密封橡胶件，如有损坏，及时更换。

（3）壳体闸板腔、连接螺纹处、轴承部位按规定定期涂抹润滑油。

252. 油管旋塞阀安装使用有什么要求？

（1）旋塞阀的安装方向为内螺纹在上，外螺纹在下。连接前应在内外螺纹部位和肩口涂抹薄层螺纹脂。

（2）保持旋塞阀处于"开启"位置。

（3）旋塞阀手柄应置在操作台的固定位置，便于取用。

253. 起下管柱作业应做好哪些井控工作？

（1）在起下封隔器等大直径工具时，应控制起下钻速度，防止产生抽汲或压力激动。

（2）在起管柱过程中，应及时向井内补灌压井液，保持液柱压力平衡。

（3）起下管柱作业出现溢流时，应立即抢关井。经压井正常后，方可继续施工。

（4）起下管柱过程中，要有防止井内管柱顶出的措施，以免增加井喷处理难度。

254. 做好井控工作的重要意义是什么?

做好井控工作既有利于发现和保护油气层,又可有效地防止井喷、井喷失控或者着火事故的发生。

255. 中国石油天然气集团公司制定《石油与天然气井下作业井控规定》的目的是什么?

做好井下作业井控工作,有效地预防与防止井喷、井喷失控和井喷着火或爆炸事故的发生,保证人身和财产安全,保护环境和油气资源,遵循国家有关法律法规。

256. 井控工作需要油气田哪些部门有组织地协调进行?

井控工作需要勘探、开发、设计、技术监督、安全、环保、装备、物资、培训等部门的协调进行。

257. 中国石油天然气集团公司的井控工作方针是什么?

警钟长鸣、分级管理、明晰责任、强化监管、根治隐患。

258. 井控设备主要由哪几部分组成?

井控设备主要由防喷设备、控制系统、井控管汇及辅助设备等组成。

259. 井下作业井控培训时间是多少天?井控培训合格证有效期是几年?

井下作业井控培训初次取证培训时间是6天;复培时间是3天;井控培训合格证有效期是2年。

260. 在制定应急计划主要考虑哪三个方面的问题?

制定一个应急计划时(即事故可能发生时)主要考虑三个方面的问题:人员安全、防止污染、恢复控制。

261. 防喷演习记录包括哪些内容？

防喷演习记录包括组织人、班组、时间、工况、速度、参加人员、存在问题、讲评等内容。

262. 地层压力与井底压力失去平衡后井下和井口会依次出现哪些现象？

井侵、溢流、井涌、井喷、井喷失控。

263. 现场上常用的压井方法有哪三种？

现场上常用的压井方法有循环法、灌注法和挤注法三种。

264. 影响压井成败的三个主要因素是什么？

影响压井成败的三个主要因素是压井液性能、设备性能、施工因素。

265. 锥形胶芯环形防喷器顶盖与壳体连接主要有哪几种形式？

目前锥形胶芯环形防喷器顶盖与壳体连接主要有法兰连接、大螺纹连接、爪块连接三种形式。

266. 闸板防喷器按驱动方式可分为哪几类？

闸板防喷器按驱动方式可分为手动闸板防喷器和液动闸板防喷器。

267. 闸板防喷器按闸板数量可分为哪几类？

闸板防喷器按闸板数量可分为三闸板、双闸板、单闸板。

268. 环形防喷器按胶芯类型可分为哪几类？

环形防喷器可分为锥形胶芯防喷器、球形胶芯防喷器和筒形胶芯防喷器。

269. 液压闸板防喷器闸板总成主要由哪几部分组成？

液压闸板防喷器闸板总成主要由顶密封、前密封和闸板体组成。

270. 液压闸板防喷器闸板锁紧装置主要有哪几种?

液压闸板防喷器闸板锁紧装置分为闸板手动锁紧装置和液压锁紧装置两种。

271. 电缆井口防喷器的连接形式有几种?

电缆井口防喷器的连接形式有活接头、螺纹式、法兰式、卡箍式四种。

272. 井口加压控制装置包括哪几部分?

井口加压控制装置包括加压支架、加压吊卡、加压绳、安全卡瓦等。

273. 对于地层漏失严重又无管柱的井,应选择哪种压井方式?

对于地层漏失严重又无管柱的井,应选择灌注法压井。

274. 按井下受控状态井控分为哪几级?

按井下受控状态井控分为三级:一级井控、二级井控、三级井控。

275. 井下作业对防喷器的要求有哪些?

(1) 关井动作迅速。

(2) 操作方便。

(3) 密封安全可靠。

(4) 现场维修方便。

276. 在油水井维护性作业时应选用什么井控装备?

根据井内压力情况,选用简易防喷器,配备由提升短节、阀门或旋塞、油管挂等组成的快速抢装井口装置;选用SFZ18－14多功能防喷器或选用SFZ18－14半封闸板防喷器、全封闸板防喷器，并配备油管旋塞；在高危区域井作业时应选用SFZ18-21多功能防喷器和2SFZ18-21手动双闸板防喷器。

277. 按规定哪些人员需持井下作业井控操作证上岗？

（1）作业管理人员：采油厂（分公司）主管作业生产、技术、安全的领导和机关科室有关人员、各大队的有关领导。

（2）作业设计人员：工程技术大队、地质大队、采油矿、作业大队负责编写设计的有关人员。

（3）作业监督人员：工程技术大队、地质大队、采油矿等现场监督人员。

（4）生产骨干人员：作业小队的主要生产骨干（副班长以上）、作业大队主管生产、技术、安全的有关人员、井控车间的有关人员。

278. 起下作业时对井控的要求是什么？

（1）在起下封隔器等大尺寸工具时，应控制起下速度，防止产生抽汲或压力激动。

（2）在起下管柱过程中，应及时向井内补灌压井液，保持液柱压力平衡。

（3）起下管柱作业出现溢流时，应立即抢关井。经压井正常后，方可继续施工。

（4）起下管柱过程中，要有防止井内管柱顶出的措施，以免增加井喷处理难度。

279. 液压闸板防喷器组成是什么？

液压闸板防喷器主要由壳体、闸板总成、侧门、闸板轴、油缸、活塞、锁紧轴、缸盖、二次密封装置、锁紧装置等组成。

280. 环形防喷器作用是什么？

（1）当井内有管柱时，能用一种胶芯封闭管柱与井口形成的环形空间。

（2）空井时能全封井口。

（3）在进行钻铣、套磨、测井及打捞井下落物的过程中，若发生溢流、井喷时，能封住方钻杆、电缆、钢丝绳以及处理事故的工具与井口所形成的空间。

（4）在减压调压阀或小型储能器配合下，能对18°无细扣对焊管柱接头进行强行起下作业。

（5）遇严重溢流或井喷时，用来配合闸板防喷器及节流管汇实现软关井。

281. 手动单闸板防喷器的基本技术参数有哪些？

手动单闸板防喷器的基本技术参数包括公称直径、最大工作压力、闸板最大行程、手轮最大扭矩、闸板规格、适用管柱、适用介质。

282. 节流管汇的作用是什么？

（1）通过节流阀的节流作用实施压井作业，制止溢流。

（2）通过节流阀的泄压作用，降低井口压力，实现"软关井"。

（3）通过放喷阀的泄流作用，降低井口套管压力，保护井口防喷器组。

283. 压井管汇的作用是什么？

（1）全封闸板全封井口时，通过压井管汇强行实施压井作业。

（2）当已发生井喷时，通过压井管汇往井口强注清水，以防燃烧起火。

（3）当已井喷着火时，通过压井管汇往井筒里强注灭火剂，能助灭火。

284. 井下作业地质设计中主要包括哪些井控内容?

地质设计中应提供井身结构、套管钢级、壁厚、尺寸、水泥返高等资料;提供油气水层基本数据和压力数据;提供固井质量情况;提供浅气层情况;提供日常高压层;提供有毒有害气体状况;提供注水井注水连通情况以及与井控有关的提示。

285. 井下作业工程设计中井控内容及要求包括哪些?

(1) 工程设计应提供目前井下地层情况、套管的技术状况。

(2) 必要时查阅钻井井史,参考钻井时钻井液密度,明确压井液的类型、性能和压井要求等。

(3) 提供施工压力参数、施工所需的井口、井控装备组合的压力等级。

(4) 提示本井和邻井在生产及历次施工作业中硫化氢等有毒有害气体监测情况。

286. 井下作业施工设计中井控内容及要求包括哪些?

应根据地质设计和工程设计的技术内容,选择合理的压井液及施工参数;选配相应压力等级的井控装置;现场勘察井场周围半径500m范围内的环境状况;明确井控装置的操作要求;明确单井应急预案;明确相应的防范要求。

287. 井控设计的意义是什么?

(1) 井控设计是井下作业设计中的重要组成部分。

(2) 井控工作是保证石油与天然气井井下作业安全的关键技术。

(3) 做好井控工作,既有利于保护油气层,又可有效地防止井喷、井喷失控或着火事故的发生。

288. 工程设计中对油层套管压力控制设计有哪些要求？

（1）检测和评价套管的安全性，确定目前的套管能否进行后续的井下施工作业。

（2）油层套管控制设计应包括但不限于以下内容：清水时最大掏空深度、纯天然气时最低套压、清水时最高套压和纯天然气时最高套压等。

289. 地层压力的四种表示方法是什么？

（1）用压力的具体数值表示地层压力。

（2）用地层压力梯度表示地层压力。

（3）用地层压力当量修井液密度表示地层压力。

（4）用地层压力系数表示地层压力。

290. 井控装备在使用中的要求是什么？

（1）防喷器、防喷器控制台等在使用过程中，井下作业队要指定专人负责检查与保养并做好记录，保证井控装置处于完好状态。

（2）油管传输射孔、排液、求产等工况，必须安装采油树，严禁将防喷器当采油树使用。

（3）在不连续作业时，必须关闭井控装置。

（4）严禁在未打开闸板防喷器的情况下进行起下管柱作业。

（5）液动防喷器的控制手柄都要标识，不准随意扳动。

（6）防喷器在不使用期间应保养后妥善保管。

291. 影响抽吸压力的主要因素？

（1）起管柱速度越快，随同管柱一同上行的液体就越多，抽吸压力就越大。

（2）井内液体黏度、切力越大，向下流动的阻力就越大，抽吸压力越大。

(3) 井越深,管柱越长,随管柱一同上行的液体就越多,越不能及时充填空出的井眼空间,因此抽吸压力就越大。

292. 天然气泡侵入井内的特点是什么?

天然气泡侵入井内的特点是向上运移和体积膨胀。

293. 井喷后抢救过程中的人身安全防护措施有哪些?

(1) 全体抢救人员要穿戴好各种劳保用品,必要时戴上正压式呼吸器、防振安全帽,系好安全带、安全绳。

(2) 消防车及消防设施要严阵以待,随时应对突发事故的发生。

(3) 医务抢救人员到现场守候,做好救护工作的一切准备。

(4) 全体抢救人员要服从现场指挥的统一指挥,随时准备好。一旦发生爆炸、火灾、坍塌等意外事故,人员、设备能迅速撤离现场。

(5) 在高含油、气区抢救时间不能太长,组织救护队随时观察因中毒等受伤人员,及时转移到安全区域进行救护。

294. 井控例会制度有哪些要求?

(1) 作业队每周召开一次由队长主持的以井控工作为主要内容的安全会议,每天班前、班后会上,值班干部、班长必须布置井控工作任务,检查、讲评本班组井控工作。

(2) 作业大队每月召开一次井控例会,检查、总结、布置井控工作。

(3) 采油各厂、井下作业分公司、试油试采分公司每季度召开一次井控工作例会,总结、协调、布置井控工作。

(4) 油田公司每半年召开一次井控工作例会,总结、布置、协调井控工作。

295. 井控装置和井口装置的区别在哪里？

井控装置是指为实施油、气、水井压力控制技术而设置的一整套专用的设备、仪表和工具，是对井喷事故进行预防、监测、控制、处理的关键装置。

井口装置是指油、气井最上部控制和调节油、气生产的主要设备。

296. 什么是地面防喷器控制装置？

地面防喷器控制装置指能储存一定的液压能，并提供足够的压力和流量，用以开关防喷器组和液动阀的控制系统。

297. 井下作业工程设计中关于压井液的要求是什么？

压井液密度设计应根据地质设计与作业层位的最高地层压力当量密度值为基准，另加一个安全附加值确定压井液密度。附加值的确定方法如下：

(1) 油水井为 $0.05 \sim 0.10 \text{g/cm}^3$。

(2) 气井为 $0.07 \sim 0.15 \text{g/cm}^3$（含硫化氢等有毒有害气体的井取最高值）。

具体选择时应考虑地层压力大小、油气水层的埋藏深度、井控装置、套管强度和井内管柱结构等。

298. 起下油管过程中产生溢流的征兆有哪些？

(1) 起油管时，起出管柱体积大于灌注修井液体积。

(2) 下油管时，下入井内管柱体积小于修井液返出井口的体积。

(3) 停止起下作业时，出口管外溢。

299. 压井过程中产生溢流的征兆有哪些？

(1) 进口排量小，出口排量大，出口液体中气泡增多。

（2）进口液体密度大，出口液体密度小，密度有下降的趋势。

（3）停泵后进口压力增高。

300. 起下管柱时发生溢流的关井程序是什么？

（1）发：发出信号。

（2）停：停止起下作业。

（3）抢：抢装管柱旋塞。

（4）关：关防喷器、关内防喷工具。

（5）关：关套管阀门，试关井。

（6）看：认真观察，准确记录油管和套管压力，以及循环罐压井液增减量，迅速向队长或技术员及甲方监督报告。

301. 什么是高危地区油气井？

高危地区油气井是指在井口周围500m范围内有村庄、学校、医院、工厂、集市等人员集聚场所，油库、炸药库等易燃易爆物品存放点，地面水资源及工业、农业、国防设施（包括开采地下资源的作业坑道），位于江河、湖泊、滩海和海上的含有硫化氢（地层天然气中硫化氢含量高于$15mg/m^3$）、一氧化碳等有毒有害气体的井。

302. 井控装备在井控车间的试压、检验是如何要求的？

井控装备、井控工具要实行专业化管理，14MPa及以下的井控装置由工具车间（站）负责井控装备和工具的站内检查、修理、试压，并负责现场技术服务。大于14MPa的井控装置到油田公司指定的具有资质的井控车间进行检测。所有井控装备都要建档并出具检验合格证。

303. 要搞好井控工作，必须全面系统地抓好哪五个环节？

思想重视、措施正确、严格管理、技术培训、装备配套。

304. 节流管汇和压井管汇上的阀件主要有哪些?

节流管汇和压井管汇上的阀件主要有平板阀和节流阀两种。根据驱动方式的不同分为手动平板阀和液动平板阀、手动节流阀和液动节流阀。

305. 什么是限制区域进入程序?

限制区域进入程序是指没有任何防护的设施,人员要进入有毒、缺氧和其他危险空间(油罐、设备箱体、锅炉、下水管、圆井、坑道、废矿井、管道、地窖等),是为了保养、清洗、维修等原因,必须进入为预防受到伤害而建立的程序。

306. 大庆油田井控工作特点有哪些?

(1) 大庆地区地质情况比较复杂,浅气层、气顶气以及深层天然气井等井控高危井类型多、分布范围广。

(2) 作业施工井数多,井控工作量大。

(3) 风险性高,危害性大。

(4) 油田注水开发已40余年,多压力层系,识别异常高压层难度大;部分油田临近松花江、鱼池、农田和村庄,对井控要求高。

(5) 大庆油田的油气井不含硫化氢。

307. 环形防喷器不利于长期关井的原因是什么?

无机械锁紧装置、橡胶老化变脆、降低使用寿命。

308. 井喷失控的危害有哪些?

(1) 井喷失控易引起失控着火、爆炸或喷出有毒气体而造成人员伤亡,影响周围千家万户的生命安全。

(2) 井喷失控使油气无控制地喷出井口进入空中,造成环境污染,影响农田水利、渔业、牧场、林场建设。

(3) 井喷失控还会严重伤害油气层、破坏地下油气资源,极易引起火灾和地层塌陷，造成机械设备毁坏、油气井报废，带来巨大的经济损失。

（4）井喷失控涉及面广，在国际、国内造成不良的社会影响；影响井下作业队伍的形象，对该企业的生存和发展不利。

（5）井喷失控使井下作业的井更加复杂化。

（6）井喷失控会打乱全面的正常工作秩序，影响全局生产。

309. 关井时最关键的问题是什么？

（1）及时、果断。

（2）不能超过最大极限套压。

310. 起管过程中，灌修井液的规定是什么？

要保持井筒内修井液液面高度，应每起 10~20 根补注一次修井液，不允许边喷边作业。

311. 最大允许关井套压如何确定？

关井最高压力不得超过井控装备额定工作压力、套管实际允许的抗内压强度两者中的最小值。

312. 在地层压力一定的条件下，若修井液密度升高，井底压差将如何变化？

修井液密度升高，井底压差变小。

313. 抽汲压力发生在哪种工况下？井底压力如何变化？

抽汲压力发生在起管柱过程中；井底压力减小。

314. 激动压力发生在何种工况下？井底压力如何变化？

激动压力发生在下管柱过程中；井底压力增加。

315. 闸板防喷器进行封井时，有哪几处密封？

（1）闸板前部与管子的密封。

（2）闸板的上部与壳体密封。

（3）壳体与侧门之间的密封。

（4）侧门腔与活塞杆之间的密封。

316. 闸板防喷器的锁紧装置有什么作用？

（1）防喷器液压关井后，采用机械方法将闸板固定住，然后将液控压力油的高压卸掉，以免长期关井憋漏油管。

（2）防止"开井失控"的误操作事故。

（3）一旦液控系统发生故障，可手动关井。

317. 闸板防喷器长期封井后如何开井？

手动解锁；液压开井；卸油压。

318. 长期封井必须使用闸板防喷器，为什么？

闸板防喷器有手动机械锁紧装置，它能保证防喷器长期可靠的封井以及在液控失效时用手动关井。

319. 控制系统标牌上的 FKQ4005 表示什么意思？

FK 表示防喷器的控制系统，Q 表示气控液，400 表示储能器组的总容积，5 表示控制对象的数量。FKQ4005 表示总容积为 400 升、控制对象是 5 个的气控液型控制系统。

320. 什么类型的防喷器配置手动锁紧装置？

液动闸板防喷器。

321. 闸板防喷器关井后，手动锁紧不到位的后果是什么？

如果手动锁紧不到位，当液压油卸掉后，闸板容易打开，造成井口不安全。

322. 闸板防喷器 2FZ35－35 表示什么意思？

2 表示双闸板，F 表示防喷器，Z 表示闸板，第一个 35 表示通径，第二个 35 表示额定工作压力。2FZ35－35 表示通径为346mm、额定工作压力为35MPa的双闸板防喷器。

323. 天然气的特性是什么?

天然气密度低、可压缩、可膨胀、可燃、易爆。

324. 作业施工现场设备使用管理的"三懂"、"四会"内容是什么?

"三懂"是懂性能、懂原理、懂工艺流程;"四会"是会操作、会维护、会保养、会排除故障。

325. 用环形防喷器关井时起下钻具应注意什么?

(1) 只允许起下18°无细扣对焊钻杆接头。

(2) 在起下钻过程中,胶芯与钻杆之间有少量的泄漏,不仅是允许的,而且是必要的。少量泄漏的钻井液可以润滑、冷却胶芯,提高胶芯寿命。必要时,可在胶芯顶部加润滑液来润滑胶芯。

(3) 起下钻速度一定要慢,过接头时更是如此。

326. 带机械锁紧装置的液压防喷器,若手动"解锁"未到位,其后果如何?

易损坏闸板和井口。

327. 压井时必须采取哪些措施保护产层?

(1) 选用优质压井液。

(2) 低产低压井可采取不压井作业,严禁挤压井作业。

(3) 地面盛液池(或罐)干净无杂物,作业泵车及管线要进行清洗。

(4) 加快施工速度,缩短作业周期,完井后要及时投产。

328. 确定地层压力方法有哪些?

(1) 测静压。

(2) 液面恢复法计算油层静压。

(3) 计算法。

(4) 估算法。

(5) 井涌后测压。

329. 压井液分为哪几类?

(1) 水基液：改性修井液、无固相盐水液、聚合物盐水液。

(2) 油基液。

(3) 泡沫。

330. 压井液在使用过程中要具备哪些功能?

(1) 与地层岩性相配伍，与地层流体相容，并保持井筒稳定。

(2) 密度可调，以便平衡地层压力。

(3) 在井下温度和压力条件下稳定。

(4) 滤失量少。

(5) 有一定携带固相颗粒的能力。

331. 压井液性能被破坏的主要原因有哪些?

(1) 水侵。

(2) 气侵。

(3) 钙侵。

(4) 盐水侵。

332. 冲砂作业应做好哪些井控工作?

(1) 冲砂作业要使用符合设计要求的压井液进行施工。

(2) 冲开被埋的地层时应保持循环正常，当发现出口排量大于进口排量时，及时压井后再进行下步施工。

(3) 施工中井口应坐好自封封井器和防喷器。

333. 使用闸板防喷器的注意事项有哪些?

(1) 半封闸板的尺寸应与所用管柱的尺寸相对应。

(2) 井内有管柱时切忌用全封闸板关井。

(3) 长期封井应手动锁紧闸板并将换向阀手柄搬向中位。

(4) 闸板防喷器未解锁不许液压开井,未液压开井不许上提管柱。

(5) 半封闸板封井后不能转动管柱。

(6) 闸板防喷器的手动锁紧装置只能关闭闸板,不能打开闸板。打开闸板的唯一方法是先解锁,然后用液压打开。

334. 按规定要求什么情况下必须安装防喷器、放喷管线和压井管线?

新井(老井补层)、高温高压井、气井、含硫化氢等有毒有害气体井、大修井、压裂酸化措施井的施工作业必须安装防喷器、放喷管线及压井管线。

335. 侧斜井施工中,关井时注意哪些事项有哪些?

(1) 关井前,必须保证井内流体有畅通的通道。

(2) 关井前,必须熟悉各阀门的开启状态。

(3) 关井必须由专人统一指挥,关井必须果断,保证关井一次成功。

(4) 长期关井应用手动锁紧装置,锁紧闸板。

(5) 观察关井后的各种现象。

(6) 关井套压的确定。

(7) 关井立管压力的确定。

336. 侧斜井施工中,井控工作包括哪些内容?

侧斜井施工中,井控工作包括井控设计,钻开油、气层前的准备,防火、防硫化氢安全措施,技术培训和防喷演习等内容。

337. 侧斜井施工确定钻井液密度的原则是什么?

以裸露井段的最高地层压力为依据,确定钻井液密度,油层附加 0.05～0.10 g/cm³,气层附加 0.07～0.15g/cm³。

338. 侧斜井施工中,溢流发生的原因是什么?

(1) 地层压力掌握不准。
(2) 井内钻井液液柱高度下降。
(3) 钻井液密度下降。
(4) 起钻时产生抽汲。

339. 侧斜井施工中,溢流显示有哪些?

(1) 蹩跳钻,钻速变快或钻进"放空"。
(2) 悬重减少或增加,泵压上升或下降。
(3) 钻井液返出量增大,钻井液池液面升高。
(4) 钻井液性能发生变化。
(5) 起钻时钻井液灌入量少于应灌入量或灌不进钻井液;下钻钻井液返出量大于钻具排代量或钻井液自动外溢。
(6) 停泵后钻具静止时,井筒钻井液外溢。

340. 侧斜井施工中,打开油、气层前的准备工作有哪些?

在打开油、气层前必须全面做好下列各项工作:

(1) 井队副司钻以上人员要持证上岗,要向全队职工做工程、地质、钻井液、井控设备等四个方面的技术措施交底。
(2) 符合设计要求的钻井液性能,在循环时不发生井漏;重钻井液和加重剂必须有足够的储备量。
(3) 各种井控设备、电路系统安全可靠,井控专用工具、消防设备必须配备齐全,可靠好用。

341. 侧斜井施工中，发现溢流后，迅速关井有哪些好处？

（1）控制住井口，可以使井控工作处于主动，有利实现安全压井。

（2）制止地层流体继续进入井内。

（3）可保持井内有较多的钻井液，减小关井和压井时的套管压力值。

（4）可以较准确地确定地层压力和压井钻井液密度。

342. 侧斜井施工中，如何才能做到及早发现溢流？

产生溢流最重要的显示是钻井液池液面的变化，应在钻井液池装有液面升降指示装置、记录仪表和报警装置。平时应注意钻井液池内加入钻井液和放走钻井液的情况，应有对钻井液池液面变化的敏感性，以便了解钻井液池液面的变化，及早发现溢流。

343. 侧斜井施工中，"四·七"动作是什么？

"四·七"动作是指钻井四种工况下的七条关井程序。

（1）钻进时的关井程序：

①发出长鸣信号。

②停止钻进。

③上提方钻杆并停泵，将钻杆接头起出转盘面0.5m。

④开3号平板阀（全开）和17号节流阀。

⑤关防喷器。

⑥关节流阀试关井，再关15号平板阀（全关）。

⑦观察记录立管压力、套管压力和钻井液增量，并及时向井队长或技术员汇报。

（2）起下钻杆时的关井程序：

①发出长鸣信号。

②停止起下钻作业。

③抢接回压阀或投止回阀。

④开3号平板阀(全开)和17号节流阀。

⑤关防喷器。

⑥关闭节流阀试关井,再关15号平板阀(全关)。

⑦观察记录立管压力、套管压力和钻井液增量,并及时向井队长或技术员汇报。

(3)起下钻铤时的关井程序:

①发出长鸣信号。

②停止起下钻铤作业。

③抢接一根钻杆和回压阀。

④开3号平板阀(全开)和17号节流阀。

⑤关防喷器。

⑥关节流阀试关井,再关15号平板阀(全关)。

⑦观察记录立管压力、套管压力和钻井液增量,并及时向井队长或技术员汇报。

(4)空井时的关井程序:

①发出长鸣信号。

②停止其他作业。

③根据溢流大小决定抢下钻杆或关防喷器。

④开3号平板阀(全开)和17号节流阀。

⑤关防喷器。

⑥关节流阀试关井,再关15号平板阀(全关)。

⑦观察记录套管压力和钻井液增量,并及时向井队长或技术员汇报。

344. 侧斜井施工中,减少波动压力的措施有哪些?

(1)控制起下钻速度不要过快,在钻开高压油、气层和钻井液性能不好的情况下更应注意。

（2）在起下钻具的操作中，防止快速下放和急刹车，以免引起过大的由惯性力产生的波动压力。

（3）要控制好钻井液性能，防止因钻井液黏度、切力过高产生更大的波动压力。

345. 侧斜井施工中，井底压力各包括哪些压力？

（1）井内钻井液处于静止状态时：井底压力等于钻井液静液柱压力。

（2）起钻时：井底压力等于钻井液液柱压力减去抽汲压力及起钻时液面下降而减少的压力。

（3）下钻时：井底压力等于钻井液液柱压力加激动压力。

（4）钻进时：井底压力等于钻井液液柱压力加环空流动阻力再加岩屑进入钻井液增加的压力。

（5）划眼时：井底压力等于钻井液液柱压力加激动压力再加环空流动阻力。

（6）关井时：井底压力等于关井立管压力加钻柱内液柱压力或关井套压加环空中液柱压力。

346. 侧斜井施工中，检查起钻是否发生抽汲的方法有什么？

（1）核对灌入井内的钻井液量。起钻过程中要向井内灌钻井液，灌入井内的钻井液是否等于起出钻具的体积。

（2）短起下钻法。在正式起钻前。先从井内起 5~10 柱钻杆，然后再下到井底，开泵循环观察有无油、气浸现象。

347. 侧斜井施工中，为什么下钻时容易引起井漏，起钻时容易引起井喷？

下钻时如果速度控制不好，会产生激动压力，使井底压力增加，如果超过地层的破裂压力值，就会引起井漏；起钻时如果速度控制不好，会产生汲抽压力，使井底压力减少，如果小于地层压力值，就会引起井喷。

348. 侧斜井施工中，钻入高压油、气层后钻速为什么会增快？

钻入高压油、气层时，由于欠压实作用，地层孔隙度增加，岩石基岩应力减小，易于破碎，同时井底压差减小，因此钻速就会加快。特别是地层压力大于井底压力时，钻速增加更为明显。当钻遇发育的裂缝或溶洞时，不但钻速增快而且还会有放空和蹩跳钻等现象。

349. 侧斜井施工中，钻入高压油、气层后为什么常常会出现泵压下降现象？

当钻入高压油、气层后，地层流体进入井内，环空内的钻井液密度下降，流动阻力减少，或地层压力大于井底压力时，在井底产生一个负压差，这两种情况均会使泵压下降。

350. 侧斜井施工中，压井时为什么要采用小排量？正常压井排量为多少？

采用小排量压井泵压较低，可以减少循环设备、管汇和井口装置的负荷，同时也避免了由于泵压过高压漏地层等事故，保证压井作业的顺利进行。压井排量一般采用正常排量的 1/2～1/3。

351. 侧斜井施工中，井控装置由哪几部分组成？

（1）钻井井口（又称防喷装置，包括防喷器组、四通、套管头、过渡法兰等）。

（2）井控管汇（包括节流管汇、压井管汇、放喷管线以及压井管线、注水管线等）。

（3）钻具内防喷工具（包括钻具回压阀、方钻杆上下旋塞、投入式止回阀等）。

（4）监测和预报地层压力的井控仪器仪表。

（5）钻井液净化、除气、加重、起钻自动灌钻井液等设备。

（6）适于特殊作业和井喷失控后处理事故的专用设备和工具（包括自封头、不压井起下钻装置，灭火设备等）。

（7）用于开关防喷器和液动放喷阀的防喷器控制系统。

352. 井控的主要目的是什么？

井控技术是保证石油天然气井井下作业安全的关键技术。做好井控工作，既有利于保护油气层，又可有效地防止井喷、井喷失控或着火事故的发生，避免无必要的经济损失和人身伤亡。

353. 气井为何比油井更易发生井喷？

在钻井过程中，如果预防措施不当，会使井底压力小于地层压力，地层中的流体侵入井内，天然气更易侵入井内，它可以以气泡和气柱两种形式侵入井内，并且在井内容易上移，在上移时体积膨胀，如果开泵循环，气柱上升膨胀得更快，使环空钻井液密度自下向上逐渐变小。这些特点是油井所不具备的，因此气井比油井容易发生井喷。

354. 闸板防喷器整体上、下颠倒安装使用能否有效封井？

闸板防喷器整体上、下颠倒安装使用不能有效封井。

355. 闸板防喷器封井后，突然发现侧门底部观察孔有钻井液溢漏，原因是什么？应采取什么紧急措施？

活塞杆与侧门腔密封失效。通过二次密封装置注入二次密封脂补救。

356. 带机械锁紧装置的液压防喷器,当液压失效,采用手动封井时,远程台上的三位四通阀应处于什么位置?否则如何?

远程台上的三位四通阀应处于关位,否则不能封井。

357. 液压闸板防喷器处于关井状态,现需开井,但发现打不开,原因是什么?

手动锁紧装置未解锁。

358. 关闭手动平板阀到位后,要回转 1/2~1 圈,为什么?

使平板脱离壳体,实现浮动密封。

359. 控制系统中的储能器预充的是什么气体?充气压力是多少?

氮气;充气力为 6.3~7.7MPa。

360. 井口装置试压有哪两种方法?

(1) 采用试压泵试压。
(2) 用提升皮碗式堵塞器试压。

361. 什么是允许最大关井压力?

允许最大关井压力是下述三者中的最小值:
(1) 套管抗内压强度的 80%。
(2) 套管鞋附近地层破裂压力的 90%。
(3) 防喷器工作压力。

362. 若套管下深是 200m(900m、1500m、2400m),允许最大关井压力是什么?

根据地层破裂压力确定允许最大关井压力:

$$p_t = 0.9 p_f - p_m$$

式中 p_f——地层破裂压力；

p_m——液柱压力；

p_t——允许最大关井压力。

363. 侧斜井施工中，失去压力平衡的原因是什么？

（1）对地层压力掌握不准，确定的钻井液密度不合理。

（2）井内液面下降（未灌钻井液或灌量欠缺、井漏、下钻中钻头水眼堵后突然解堵等）。

（3）钻井液密度因油、气、盐水浸或加水、混油等原因而下降，导致地层流体的侵入。

（4）起钻抽汲（因钻井液黏度过大、切力过高，起钻速度过快或工具与井眼间隙过小以及钻头泥包等）。

364. 侧斜井施工中，防止起钻抽汲引起井喷的措施是什么？

（1）合适的有安全附加值的钻井液密度。

（2）尽可能小的钻井液黏度和切力。

（3）油层打开后一律用低速起钻。

（4）下井工具与井眼间有适当的间隙。

365. 井控设备的哪些部件及连接件容易失效？

（1）万能胶芯。

（2）闸板芯子。

（3）闸板侧门密封胶圈。

（4）连接钢圈。

（5）双公短节。

（6）闸阀。

（7）管线焊口处。

366. 井控装置安装时需要把好几道关口？

各部件均需按标准摆放、安装、连接、固定。特别要把好以下各道关口。

（1）双公短节：事先将套管接箍、底法兰及双公短节的螺纹擦洗干净后涂机油，用手上紧，以余3~4扣为合格（不合格者不能使用）。卸开，重涂密封脂，正式安装。余扣不得超过1扣。

（2）摆钢圈及上紧法兰：将钢圈槽清洗干净，做到槽中无锈、无碰损。将钢圈擦洗干净后在槽中试放，无误后将钢圈及圈槽各自涂抹好密封脂，小心摆放、压紧，上螺栓时必须对角、四方逐步上紧，不得单个一次上紧，也不许顺序上紧。

（3）安装后按规定要求试压。

367. 如何判断空气包压力正常？气囊完好？

将控制台的压力低速放掉，压力有由慢降至快降的明显转折点，转折点的压力就是气囊的充气压力（启动时也有转折点）。长时间打不上压力就是气囊已损坏。

368. 压井的基本原理是什么？

压井原理是以U形管原理为依据，通过调节节流阀控制立管压力和套管压力，给井底施加一定的回压，使井底压力略大于地层压力；在压井过程中始终保持井底压力不变，防止溢流重新进入井内。

369. 当储能器没有压力，发生溢流，怎样操作远控台实现关井？

（1）启动电动油泵。

（2）把旁通阀手柄搬至开位，再把三位四通换向阀搬至所需位置，这样就能很快关上封井器。

370. 当手动锁紧装置锁紧闸板后,怎样泄掉关闭腔油缸内的油压?

(1) 关闭储能器截止阀。

(2) 再把三位四通转阀手柄搬至开位,这样开启腔油缸内不进油,关闭腔内的油回到油箱,泄压完成。

(3) 再把手柄搬至中位,把三位四通转阀油路截断。

371. 固井候凝过程中,有哪些因素使井内液柱压力降低,可采取什么措施?

因水泥在初凝阶段,水泥分子胶结,形成空间网状结构,游离水析出,造成失重,而降低液柱压力。

为保持井内压力平衡,可采用以下措施:

(1) 双凝水泥固井(分段注入不同密度水泥浆,或分段加入缓凝剂、速凝剂)。

(2) 固井后关封井器(环形或闸板封井器)憋压候凝。

(3) 抢焊井口环形钢板。

372. 下套管时,为什么要先灌满钻井液再开泵循环?

因套管下部装有回压阀,管内存有大量空气,若不排出,循环时就会被压缩并带到套管外,空气膨胀时,会象井喷一样喷出钻井液,造成液柱压力下降而引起井喷。

373. 固井时,如何判断井口外溢是属于水泥热胀造成,还是属于地层发生溢流的外溢?

热胀造成的外溢流量小且稳定,地层发生的溢量较大,而且越来越大。

374. 什么是工程师法压井?

发现溢流后关井求压,待钻井液加重后,用一个循环周完成压井,也叫工程师法压井。

375. 什么是司钻法压井?

发现溢流关井求压后,第一个循环周用原来的钻井液排出环空中浸污的钻井液,待加重钻井液配好后,于第二个循环周泵入井内压井,叫司钻法压井。

376. 什么是置换式压井法?

井内无钻具的压井方法。空井压井只能采取置换式压井法。

377. 什么是顶部压井法?

向井内挤入定量钻井液,关井使钻井液下落至井底,然后泄掉相应量的井口压力。重复这一过程,直至井口压力降到一定程度,再强行下钻到井底完成压井的作业,也叫顶部压井。

378. 什么是井控工作的最关键环节?

及时发现溢流,迅速关井。

379. 井下作业井控工作的内容是什么?

井下作业井控工作的内容包括设计的井控要求,井控装备,作业过程的井控工作,防火、防爆、防硫化氢有毒有害气体安全措施和井喷失控的紧急处理,井控培训及井控管理制度等六个方面。

380. 井控工作七项管理制度分别是什么?

(1) 井控分级责任制度。
(2) 井控操作合格证制度。
(3) 井控装置的安装、检修、现场服务制度。
(4) 防喷演习制度。
(5) 井下作业队干部24小时值班制度。
(6) 井喷事故逐级汇报制度。

(7) 井控例会制度。

381. 井控装备主要包括哪些设备？

井控装备包括防喷器、简易防喷装置、采油（气）树、旋塞阀、内防喷工具、防喷器控制台、压井管汇、节流管汇及相匹配的阀门等。

382. 防喷演习过程中警报声分为哪三种？

（1）发出一声长笛为发现溢流的警报。
（2）发出两声短音的笛声为指挥关闭防喷器的警报。
（3）发出三声短音的笛声为解除警报。

383. 油田的主要井控风险有哪些？

油田主要井控风险有浅气层井、气顶气井、外围气井、深层天然气井、油层异常高压井。

384. 规定要求什么情况下必须安装防喷器、放喷管线和压井管线？

新井（老井补层）、高温高压井、气井、含硫化氢等有毒有害气体井、大修井、压裂酸化措施井的施工作业必须安装防喷器、放喷管线及压井管线。

385. 溢流产生的主要原因是什么？

（1）起管柱时井内未灌满修液或灌量不足。
（2）起管柱产生过大的抽汲压力。
（3）修液密度不够。
（4）地层漏失。
（5）地层压力异常。

386. 压井要保护油气层，选择压井液要遵守的原则是什么？

压而不喷、压而不漏、压而不死三原则。

387. 造成压井失败的主要因素是什么？

井下情况不明或不详，准备不充分，技术措施不当。

二、HSE 知识

(一) 名词解释

1. 保护接地：为防止电气装置的金属外壳、配电装置的构架和线路杆塔等带电危及人身和设备安全而进行的接地。

2. 特种作业：按照国家有关规定包括电工作业、金属焊接切割作业、锅炉作业、压力容器作业、压力管道作业、电梯作业、起重机械作业、场（厂）内机动车辆作业、制冷作业、爆破作业及井控作业、海上作业、放射性作业、危险化学品作业等。

3. 高空作业：凡是在坠落高度基准面 2m（含 2m）以上，有可能坠落的高处作业称为高空作业。

4. 动土作业：在生产、作业区域使用人工或推土机、挖掘机等施工机械，通过移除泥土形成沟、槽、坑或凹地的挖土、打桩、地锚入土作业。或建筑物拆除以及在墙壁开槽打眼，并因此造成某些部分失去支撑的作业。

5. 动火作业：能直接或间接产生明火的临时作业，包括焊接、气割、切削、燃烧、明火、研磨、打磨、钻孔、破碎、锤击、使用非防爆的电气设备。

(二) 问答

1. 修井施工现场存在的主要风险有哪些？

物体打击、车辆伤害、机械伤害、起重伤害、触电、淹溺、灼烫、火灾、爆炸、高处坠落、中毒和窒息等。

2. 作业工现场中的警示标识有哪些?

注意安全、当心落物、当心触电、当心机械伤人、禁止吸烟、禁止烟火、必须戴安全帽、必须穿工作服、当心爆炸、当心超压、当心高压管线、禁止乱动消防器材、止步、高压危险等。

3. 动火作业前应对现场做哪些核查?

（1）与作业有关的设备、工具、材料符合要求。
（2）现场作业人员资质及能力情况达标。
（3）系统隔离、置换、吹扫、检测合格。
（4）动火区域可燃物已清除。
（5）个人防护用品齐全。
（6）安全消防设施、应急措施到位。
（7）消防监护人员到位。

4. 作业施工如何报火警?

一旦失火，要立即报警，报警越早，损失越小，打电话时，一定要沉着。首先要记清火警电话"119"，接通电话后，要向接警中心讲清失火井位的地址、什么东西着火、火势大小，以及火的范围。同时还要注意听清对方提出的问题，以便正确回答。随后，把自己的电话号码和姓名告诉对方，以便联系。打完电话后，要立即派人到交叉路口等待消防车的到来，以利于引导消防车迅速赶到火灾现场。还要迅速组织人员疏散消防通道，消除障碍物，使消防车到达火场后能立即进入最佳位置灭火救援。

5. 修井现场消防器材如何配置?

（1）大修、试油现场应配备35kgABC干粉灭火器2具，8kgABC干粉灭火器8具，消防锹4把，消防桶4个，消防钩2

把，消防砂 $3m^3$。

（2）修井机、柴油机、发电房处放置 8kgABC 干粉灭火器 2 具。生活区放置 35kgABC 干粉灭火器 1 具。每栋野营房应配备 2kgABC 干粉灭火器 2 具。

6. 动火作业时，氧气、乙炔瓶的间距是多少？

动火作业时，氧气瓶与乙炔瓶的间隔不小于 5m，两者与动火作业地点距离不得小于 10m。

7. 当发现作业现场营房房体带电时，正确的做法是什么？

（1）营房内人员暂留房内，外部人员远离带电营房。

（2）关闭总电源，撤离营房内人员。

（3）通知电工检查维修用电线路及电器设备。

8. 营房保护接地电阻、电器设备保护接地电阻各是多少？

营房保护接地电阻小于等于 10Ω，电器设备保护接地电阻小于等于 4Ω。

9. 临时用电管理要求是什么？

（1）临时用电应由电气专业人员进行。

（2）在开关上安装、拆除临时用电线路时，其上级开关应断电上锁。

（3）临时用电必须做到防雨、防潮、接地、漏电保护。

（4）各类移动电源及外部自备电源不得接入电网。

（5）经过有高温、振动、腐蚀、积水及机械损伤等危害的部位，不得有接头，并应采取相应的保护措施。

（6）临时用电单位不得擅自增加用电负荷，变更用电地点、用途，一旦发生此类现象，生产单位应立即停止供电。

（7）临时用电线路和电气设备的设计与选型应满足爆炸危险区域的分类要求。

（8）动力和照明线路应分路设置。

（9）工作人员必须按规定做好个人防护。

（10）临时用电作业实行作业许可，需要办理临时用电作业许可证。

10. 什么是作业现场反送电现象及反送电的危害是什么？

（1）反送电现象：现场自备发电设备的输出端与油田电网连通，电流经变压器反向放大进入电网的现象。

（2）反送电的危害：①反送电的量过大会引起电压波动，对电网的发供电负荷的调整和调度带来困难。②当电网停电维修，突然的反送电会造成用电设备的损坏及发生检修人员触电安全事故。

11. 配电箱的安放标准是什么？

（1）配电箱距井口距离不小于20m。

（2）固定式配电箱、开关箱下底与地面的垂直距离应大于1.3m且小于1.5m。

（3）移动式分配电箱、开关箱下底与地面的垂直距离应大于0.6m且小于1.5m。

（4）室内配电箱安装端正、牢固，箱体中心与地面距离不小于1.5m。导线穿越值班房时应安装塑料软管进行保护。

（5）室外配电箱应采取防雨、防漏电措施，接地电阻不大于10Ω。

12. 配电箱操作应注意什么？

（1）操作前应检查电气装置和保护设施。

（2）用电设备检修或停用时应断电、上锁并挂牌。

（3）搬迁或移动用电设备时，应先切断电源。

13. 作业施工中造成土壤破坏和植被污染的隐患有哪些?

井喷污染、管线刺漏、井内溢流液落地、排污坑渗漏、刺洗液落地、设备用油滴漏、生活垃圾、动土施工、拉拽设备等。

14. 进入受限空间作业的主要风险有哪些?

（1）缺氧（空气中的含氧量<19.5%）。

（2）易燃易爆气体（石油伴生气等）引起燃烧、爆炸。

（3）有毒气体或蒸气（一氧化碳、硫化氢、焊接烟气等）引起中毒。

（4）物理危害（极端的温度、噪声、湿滑的作业面、坠落、尖锐锋利的物体）。

（5）吞没危险。

（6）腐蚀性化学品引起腐蚀。

15. 修井队的监测报警装置有哪些?

（1）液面报警装置。

（2）硫化氢、甲烷气体泄漏报警装置。

（3）火灾报警装置等。

16. 修井队的保护装置有哪些?

（1）防雷电装置。

（2）漏电保护装置。

（3）防静电装置。

（4）防火花装置。

（5）安全防护装置。

（6）高处作业防护装置。

17. 修井队健康防护设施有哪些?

（1）医疗器械。

（2）空气呼吸器。
（3）消音设施。

18. 个人防护设施、装备等硫化氢防护设备设施的配备和管理要求是什么？

（1）含硫化氢作业井的作业过程中，应配备4台便携式硫化氢监测仪。特殊作业井可配备1套固定式硫化氢气体监测仪或1台便携式复合气体监测仪。

（2）含硫化氢作业井作业过程中，生产班每人应配备1套正压式空气呼吸器，另配备一定数量的备用空气瓶和空气压缩机。备用空气瓶应充满压缩空气，气瓶压力应不低于气瓶额定工作压力80%。

（3）监测仪及正压式空气呼吸器在使用过程中，应定期校准及检测，妥善存放，并有专人定期进行检查、测试、维护，并留有记录。

（4）在钻台、井口等通风不良的部位应设置防爆排风扇。

19. 装卸、使用危险化学品时应注意哪些？

（1）装卸、使用过危险化学品的人员应正确穿戴、使用劳动防护用品、用具。

（2）装卸危险化学品时应轻拿轻放，不应振动、撞击、摩擦、重压和倾倒。

（3）装卸危险化学品完毕后应及时清理用具。

（4）危险化学品在使用时，操作者应站在上风向，并采取防溢出和飞溅措施。

（5）危险化学品的废弃物应指定专人管理并及时回收处理。

20. 作业施工中造成倒井架事故的隐患有哪些？

（1）地锚基础松软，大负荷下地锚抽签。

(2) 井架基础抗压能力不达标，地基下陷。

(3) 车载主负荷绷绳过长不吃力，防风绷绳拉力过大，地锚抽签。

(4) 井架倾角过大。

(5) 大钩大角度拉拽重物，井架承受水平分力过大。

(6) 基墩重量不够或基墩与地面摩擦系数小，基墩滑动移位。

(7) 地锚位置不达标，绷绳与地面角度大或开档过大，大负荷下绷绳承受垂向分力过大，地锚抽签。

(8) 绷绳或绷绳组件有缺陷，大负荷下绷绳或绷绳组件断裂。

(9) 因井架不对中，采用拉紧一侧绷绳的办法强行对中，造成绷绳受力不均，一侧地锚被拉出。

(10) 防碰天车失灵或超负荷上提管柱。

21. 井控装备主要包括哪些设备？

井控装备包括防喷器、简易防喷装置、采油（气）树、旋塞阀、内防喷工具、防喷器控制台、压井管汇、节流管汇及相匹配的阀门等。

22. 防喷演习过程中警报声分为哪三种？

(1) 发出一声长笛为发现溢流的警报。

(2) 发出两声短音的笛声为指挥关闭防喷器的警报。

(3) 发出三声短音的笛声为解除警报。

23. 溢流产生的主要原因是什么？

(1) 起管柱时井内未灌满修井液或灌量不足。

(2) 起管柱产生过大的抽汲压力。

(3) 修井液密度不够。

（4）地层漏失。
（5）地层压力异常。

24. 井喷失控的主观原因是什么？

（1）井控意识不强，违章操作。
（2）起管柱产生过大的抽汲力。
（3）起管柱时不灌或没有灌满修井液。
（4）施工设计方案中片面强调保护油气层而使用的修井液密度偏小，导致井筒液柱压力不能平衡地层压力。
（5）井身结构设计不合理及完好程度差。
（6）地质设计方案未能提供准确的地层压力资料，造成使用的修井液密度低，致使井筒液柱压力不能平衡地层压力。
（7）发生井漏未能及时处理或处理措施不当。
（8）注水井不停注或未减压。

25. 井喷发生后的安全处理措施有哪些？

（1）在发生井喷初始，应停止一切施工，抢装井口或关闭防喷装置。
（2）一旦井喷失控，应立即切断危险区的电源、火源及动力熄火。
（3）立即向有关部门报警，消防部门要迅速到井喷现场值班，准备好各种消防器材，严阵以待。
（4）在人员稠密区或生活区要迅速通知熄灭火种。
（5）当井喷失控，短时间内又无有效的抢救措施时，要迅速关闭附近同层位的注水、注蒸汽井。
（6）井喷后未着火井可用水力切割严防着火。
（7）尽量避免夜间进行井喷失控处理施工。

26. 现场井控装备的安装、试压、检验要求是什么？

（1）现场安装前要认真保养防喷器，并检查闸板芯子尺寸是否与所使用管柱尺寸相吻合，检查配合三通的钢圈尺寸、螺孔尺寸是否与防喷器、套管四通尺寸相吻合。

（2）防喷器安装必须平正，各控制阀门、压力表应灵活可靠，上齐上全连接螺栓。

（3）防喷器控制系统必须采取防冻、防堵、防漏措施，安装在距井口25m以外，保证灵活好用。

（4）全套井控装置在现场安装完毕后，用清水（冬季加防冻剂）对井控装置连接部位进行试压。试压到额定工作压力的70%。

（5）放喷管线安装在当地季节风向的下风方向，接出井口30m以外，高压气井放喷管线接出井口50m以外，通径不小于50mm，放喷阀门距井口3m以外，压力表接在内控管线与放喷阀门之间，放喷管线如遇特殊情况需要转弯时，要用钢弯头或钢制弯管，转弯夹角不小于120°，每隔10~15m用地锚或水泥墩固定牢靠。压井管线安装在上风向的套管阀门上。

（6）若放喷管线接在四通套管阀门上，放喷管线一侧紧靠套管四通的阀门应处于常开状态，并采取防堵、防冻措施，保证其畅通。

27. 修井施工现场设备设施应如何布置？

（1）值班房、工具房、发电机房距井口及储油罐不小于30m，防喷器远程控制台应放置在修井机侧前方25m以外。

（2）储油罐应摆在距井口不小于30m的安全位置。

（3）排液用储液罐应放置在距井口25m以外。

（4）宿营房、厨房、生活水罐摆放在井场30m以外。

（5）锅炉房应摆在井口下风向，距井口不小于50m。

（6）井场外设立至少2个应急集合点，并位于主导风向的上风头或与主导风向成90°角。逃生通道畅通,标识清楚。

(7) 井场内设置不少于2个风向标(风向袋、彩带、旗帜,或其他相应设施),风向标应设置在现场便于观察到的地方。

(8) 在草原、苇塘、临胸施工时,井场周围应有防火墙或隔离带,宽度不小于20m。

28. 修井起下管柱作业的主要风险有哪些?

(1) 高处坠落。

①井架工上下井架时未挂防坠差速器或差速器失灵。

②井架工在二层台操作时未将安全带尾绳挂好或安全带尾绳挂在不牢固的设施上。

(2) 物体打击。

①井架工使用的工具掉落。

②井架附件如吊卡销子、连接螺栓等掉落。

③员工正对吊卡吊耳,吊环飞出伤人。

④未扣合好吊卡,员工在把扶钻杆时,钻杆掉落砸脚。

⑤操车不稳或刹车系统失灵,游动滑车碰撞施工人员。

(3) 滑跌。工作过程中,工作区域湿滑造成滑跌。

(4) 机械伤害。

①使用B形钳拉扣过程中,B形钳尾甩动伤人。

②井架工摆放钻杆时被钻杆挤伤。

29. 使用液压钳时应注意什么?

(1) 专人操作,严禁两人同时操作。

(2) 操作者应站在前面操作,但尾绳两侧不准站人。

(3) 复位对缺口一定要用低挡,上扣一定要用高挡,停车后手把放回低挡,不论上卸扣,挂挡秩序都要遵循低—高—低,即:崩扣或对扣—旋扣—对缺口。

（4）液压钳要注意是否有憋压，有无渗漏，保持液压油及快速接头等液压件的清洁。

（5）夏季可用30#机械油代替，冬季可用变压器油代替，严禁混杂使用以及严禁用柴油、机油代替液压油。

（6）更换钳牙或现场检修时，液压油管钳要摘下增速箱的离合齿轮或通井机的离合器，否则严禁把手放入钳口。

（7）在使用时如发现运转声音出现异常，应立即停车检查，严禁液压钳在不正常的情况下使用。

（8）当油管过紧时，如果系统压力调到11MPa还不能卸开油管扣，就不要用液压油管钳崩扣，严禁液压油管钳超高压使用。

30. 锅炉点火、停炉的程序是什么？

（1）冷炉升火前，应检查炉内有无积油，检查喷嘴和配风器。如有问题，应处理完善后再行升火。

（2）锅炉升火前，应起动引风机和鼓风机，保持炉膛负压为49~98kPa，炉膛和烟道通风要进行5min以上，排除可燃气体，以防点火时发生爆炸。

（3）点火时，应先给火后给油，开油阀时应先小开，着火后再开风门，然后调节。若喷油后不能立即着火，应迅速关闭油阀，停止喷油。待查明原因，通风5~10min，将炉内的可燃油气排出后再行点火。

（4）当锅炉点火后，待水温达到40~50℃时，才能启动循环水泵。

（5）升火过程中，司炉人员要加强监视，发现熄火要及时处理，以防炉膛爆炸。

（6）点燃后，要注意调节火焰中心，不得偏斜或过高，应在炉膛内居中，且分布均匀。

（7）停炉时，应防止急剧降温。在停止供油后，应先停鼓风机，后停引风机，然后关闭烟、风道挡板。

31. 中国石油天然气集团公司起重作业"十不吊"是什么？

（1）超载或被吊物重量不清不吊。

（2）指挥信号不明确不吊。

（3）捆绑、吊挂不牢或不平衡，可能引起滑动时不吊。

（4）被吊物上有人或浮置物时不吊。

（5）结构或零部件有影响安全工作的缺陷或损伤时不吊。

（6）遇有拉力不清的埋置物件时不吊。

（7）工作场地昏暗，无法看清场地、被吊物和指挥信号时不吊。

（8）被吊物棱角处与捆绑钢绳间未加衬垫时不吊。

（9）歪拉斜吊重物时不吊。

（10）容器内装的物品过满时不吊。

32. 整形、活动管柱作业的主要风险有哪些？

（1）倒井架。上提负荷过大或突然解卡，造成地锚抽签，倒井架。

（2）物体打击。突然解卡时，井架附件松脱或吊卡销子飞出伤人。

33. 转盘（旋转）、套铣、磨铣、造扣作业的主要风险有哪些？

（1）物体打击。转盘旋转过程中方补心飞出伤人。

（2）其他伤害。人员在转盘区域行走时，踩在旋转的转盘上，被转盘带倒。

（3）管线憋爆。使用循环泵的过程中，泵压过高，造成管线憋爆，高压液体刺出伤人或水龙带飞舞伤人。

34. 冲砂、压井、验漏作业的主要风险有哪些？

管线憋爆。使用循环泵的过程中，泵压过高，造成管线憋爆，高压液体刺出伤人或水龙带飞舞伤人。

35. 加固作业的主要风险有哪些？

（1）爆炸。使用爆炸品进行加固时，炸药爆炸伤人。

（2）管线憋爆。使用高压泵进行加固时，泵压过高，造成管线憋爆，高压液体刺出伤人或水龙带飞舞伤人。

第三部分 基本技能

一、操作技能

1. 穿提升大绳操作

准备工作:

(1) 正确穿戴劳动保护用品。

(2) 设备准备:修井机1台,井架1个,游动滑车1台(型号根据实际情况准备)。

(3) 工用具、材料准备:300mm×36mm活动扳手1把,375mm×46mm活动扳手1把,200mm手钳1把,安全带1条,$\phi 22mm \times 210m$ 提升大绳1根,$\phi 22mm \times 40m$ 棕绳1根(作为引绳),1.5m长细麻绳多根。

操作步骤:

(1) 地面操作人员将游动滑车摆正。

(2) 把提升大绳缠在修井机滚筒上。

(3) 由1名操作人员(系好安全带)携带引绳爬上井架天车位置,将安全带的保险绳系牢。

(4) 井架顶端处人员,将引绳从天车滑轮组右边第一个滑轮穿过，使引绳的两端头分别从井架前、后落到地面上。

（5）地面操作人员把井架后的引绳与提升大绳端头连接，用细铁丝捆牢。将井架前引绳端拴在提升大绳端部。

（6）地面操作人员拉动前引绳，将提升大绳拉向天车。

（7）提升大绳与引绳连接处到达天车后，天车处操作人员把提升大绳扶入天车右边第一个滑轮内（快轮）。

（8）地面操作人员继续拉动引绳，将提升大绳拉向地面。解开引绳，再用细麻绳与提升大绳端头连接。

（9）将细麻绳从游动滑车右边第一个滑轮自上而下穿过，使提升大绳进入游动滑车右边第一个滑轮内。

（10）天车操作人员调整引绳，使位于井架后的引绳从井架前顺到地面。

（11）地面操作人员将后引绳与提升大绳端头扎牢，将前引绳拴在提升大绳的端部。

（12）拉动前引绳带动提升大绳升向井架天车。

（13）提升大绳端头到达井架天车后从天车右边第二个滑轮穿过，天车处操作人员将引绳拨入天车第三个滑轮内，地面操作人员继续拉动引绳，使提升大绳从井架天车降到地面。

（14）用步骤（9）～（13）的操作方法将提升大绳从游动滑车第二个滑轮、第三个滑轮、第四个滑轮及天车第三个滑轮、第四个滑轮、第五个滑轮穿过，当提升大绳端头从天车第四个滑轮穿过后，将引绳的一端从井架中间拉到地面。

（15）提升大绳从井架天车第五个滑轮穿过，并沿井架中间到达地面后，即可进行卡死绳工作。

操作安全提示：

（1）穿大绳时，需要1人上井架操作，1人在地面指挥，相互配合。

（2）提升大绳所不得有松股扭折，每一扭绳断丝不超过6丝。

（3）新启用的提升大绳应在穿大绳前松劲，以免打扭。

（4）上井架人员不许穿硬底鞋，以免打滑蹬空造成伤亡事故。

（5）上井架人员随身携带的小工具必须用安全绳系在身上，以免掉下伤人。

2. 安装井口装置操作

准备工作：

（1）正确穿戴劳动保护用品。

（2）设备准备：提升设备1套，井口装置1套。

（3）工用具、材料准备：350mm×41mm活动扳手2把，大锤1把，M46固定扳手2把，ϕ16mm×4m钢丝绳套1根，密封带1卷，润滑脂少量。

操作步骤：

（1）首先检查井口装置各部件是否齐全、完好，阀门开关是否灵活好用。

（2）用井口固定扳手从套管短节法兰处卸开。

（3）取下钢圈槽内的钢圈。

（4）卸去套管短节的护丝，将套管短节螺纹和套管接箍螺纹刷干净，检查螺纹是否完好。

（5）将密封带缠绕在套管短节螺纹上。

（6）将套管短节外螺纹对在井口套管接箍上逆时针转1~2圈对扣。

（7）对好扣后，将套管短节上紧。

（8）将钢圈槽内抹足润滑脂，然后把钢圈放入槽内。

（9）用钢丝绳缓慢吊起采油树本体和大四通。

(10) 将采油树本体和大四通坐在套管短节法兰上。

(11) 转动采油树,使钢圈进入钢圈槽内,转动调整采油树方向,对角上紧4个法兰螺栓,摘掉绳套。

(12) 将剩余的法兰螺栓对角上紧。

操作安全提示:

(1) 井口装置安装一定要按操作顺序进行,大四通上、下法兰缝间隙要一致,螺栓上紧后上部统一留半扣,井口装置安装后手轮方向一致、平直、美观。

(2) 钢圈上只能用钙基、锂基、复合钙基等润滑脂,绝不允许用钠基润滑脂。

(3) 安装过程中要相互配合,确保安全操作。

3. 测量、计算油补距和套补距操作

准备工作:

(1) 正确穿戴劳动保护用品。

(2) 工用具、材料准备:1000mm钢板尺1把,200mm直角尺1把,记录笔1支,记录纸1张。

操作步骤:

(1) 由施工设计书中查出联入数据,并记为L。

(2) 装好井口装置。

(3) 用钢板尺测量井口最上一根套管接箍上平面到套管短节法兰上平面之间的距离,记为L_1。

(4) 用钢板尺测量套管短节法兰上平面与套管四通法兰上平面之间的距离,记为L_2。

(5) 计算油、套补距。将L_1和L_2数据代入下列公式,即可求出油、套补距。油补距 = $L - (L_1 + L_2)$,套补距 = $L - L_1$。

注意事项:

(1) 查找到的联入数据要准确。

（2）测量套管接箍与套管短节法兰之间的距离时，尺子要垂直，测量误差为±5mm。

4. 校正井架操作

准备工作：

（1）正确穿戴劳动保护用品。

（2）设备准备：提升设备1套，井架1个（型号根据实际情况准备）。

（3）工用具、材料准备：250mm×30mm活动扳手2把，撬杠2根，油管吊卡2只，吊环2只，ϕ73mm或ϕ89mm油管1根。

操作步骤：

施工过程中井架出现位移较小的偏移，可按照下面步骤进行校正：

（1）用作业机将油管上提至油管下端距井口10cm左右，观察油管是否正对井口中心。

（2）如油管下端向井口正前方偏离，校正方法是先松井架前两道绷绳，紧后4道绷绳，使之对正井口中心。

（3）如油管下端向井口正后方偏离，校正方法是先松后4道绷绳，紧架前两道绷绳，使之对正井口中心。

（4）若油管下端向正左方偏离井口，校正方法是先松井架左侧前、后绷绳，紧井架右侧前、后绷绳，直到对正为止。

（5）若油管下端向正右方偏离井口，校正方法是先松井口右侧前、后绷绳，紧左侧前、后绷绳，直到对正。

（6）若井架向斜侧方偏离，可按照下面方法进行井架的校正：

①若油管下端向左前方偏离井口，校正方法是先松左前绷绳，紧右后绷绳，直到对正。

②若油管下端向右前方偏离井口，校正方法是先松右前绷绳，紧左后绷绳，直到对正。

③若油管下端向左后方偏离井口，校正方法是先松左后绷绳，紧右前绷绳，直到对正。

④若油管下端向右后方偏离井口，校正方法是先松右后绷绳，紧左前绷绳，直到对正。

（7）若因井架底座基础不平而导致井架偏斜严重，由安装单位校正。

操作安全提示：

（1）校正井架后，每条绷绳吃力要均匀。

（2）校正井架一定要做到绷绳先松后紧。

（3）如花篮螺栓紧到头绷绳还松时，先将花篮螺栓松到头，松开绷绳卡子，拉紧绷绳后，再紧花篮螺栓（大风天气不能做此项工作，不能同时松开两道绷绳）。

（4）注意花篮螺栓要灵活好用，要经常涂抹润滑脂防止生锈。

（5）作业施工队校正井架，只有在井架底座基础及井架安装合理的情况下，对井架天车未对准井口进行微调，因井架安装不合格而对井架的校正应由井架安装单位进行。

（6）井架校正后，花篮螺栓余扣不少于10扣，以便于随时调整。

5. 吊装液压油管钳操作

准备工作：

（1）正确穿戴劳动保护用品。

（2）设备准备：提升设备1套。

（3）工用具、材料准备：液压油管钳1台，250mm×30mm活动扳手1把，Y4-12钢丝绳卡8个，安全带1条，油管吊卡2只，大锤1把，液压管线2根，φ12mm钢丝绳20m和3m各1根。

操作步骤：

（1）操作人员系好安全带，携带20m长钢丝绳和固定吊绳的小滑轮，爬上井架适当高度，将安全带保险绳扣好。

（2）将小滑轮固定在井架横梁上，将钢丝绳从小滑轮穿过，调整小滑轮在横梁上的位置，要注意小滑轮不能固定在横梁的中间。

（3）将预先准备好的绳套套在液压钳上，然后，挂在游动滑车大钩（或吊卡）上，上提（上提高度以背钳钳口在油管接箍以上5cm左右为宜）。在上提过程中，操作人员要拉住液压油管钳，以防撞击井口。

（4）将从井架内穿过的φ12mm钢丝绳绕井架悬绳器系好猪蹄扣，并卡紧。

（5）将从井架上顺下的φ12mm钢丝绳穿过吊钳上的挂环并拉紧向上折。用绳卡卡住（松紧程度以稍吃劲，下放时将钢丝绳拉紧不滑脱为宜）。

（6）缓慢下放游动滑车，当钢丝绳绷紧时，停止下放。观察液压油管钳悬吊位置，若背钳恰好能卡住接箍，主钳卡住油管，则上齐两个绳卡并卡紧；若悬吊位置高，则轻敲绳卡，使其缓慢滑脱至适当高度后卡紧；若悬吊位置低，则视其误差重新调整钳体悬吊高度后卡紧。调整完悬吊高度，再拧动钳体重心调节螺钉使其保持水平状态。

（7）将另一段3m长（φ12mm）钢丝绳的一端穿过钳体尾绳螺栓，用两个绳卡卡紧，另一端绕过井架底脚，用两个绳卡卡紧。注意：从井架底脚至锥体尾部之间钢丝绳绳长，以能将锥体拉至井口，主钳开口卡住油管为准。

(8)检查、清洗两根液压管线的接头,按进出循环回路,连接修井机上的液压泵与液压油管钳。注意:接头处必须连接牢靠。

操作安全提示:

(1)液压油管钳悬吊高度必须适当。

(2)用于悬吊钳体和拴安全尾绳的钢丝绳必须用与绳径相匹配的钢丝绳卡卡紧。

(3)液压管线两端的快速接头要连接好,以防上、卸油管螺纹时漏油。

6. 接洗压井管线操作

准备工作:

(1)正确穿戴劳动保护用品。

(2)设备准备:泵车1台。

(3)工用具、材料准备:钢质管线30m,活接头2套,大锤1把,900mm管钳2把,钢丝刷1把,密封脂若干。

操作步骤:

(1)洗井管线连接必须用钢制管线,进口装好单流阀,管线长度应大于20m。

(2)检查管线是否畅通,螺纹是否完好,检查活动弯头、活接头是否完好灵活,检查大锤手柄是否牢固可靠。

(3)确定管线走向、布局合理。将管线一字摆开,首尾相接,接箍端朝井口。将活接头卡在油(套)管阀门上,与进口管线连接起来。并用大锤将活接头从井口向泵车方向砸紧,保证已砸紧的活接头不卸扣(泵车上一般为带套活接头)。

(4)出口进干线或和回收罐相连,出口管线不准有90°的急弯,并要求固定牢靠。

(5) 用油管支架将管线悬空部分固定架好。

操作安全提示：

(1) 砸管线时注意观察周围人员，避免造成伤害。

(2) 严禁进、出口管线在同一方位，必须在井口的两侧。

7. 洗井操作

准备工作：

(1) 正确穿戴劳动保护用品。

(2) 设备准备：泵车1台。

(3) 工用具、材料准备：洗井管线1套，容积为井筒容积2倍的方罐，1000mm钢板尺1把，计算器1个，井筒容积2倍的清水。

操作步骤：

(1) 施工车辆位置摆放合理，接管线前车辆要停稳、熄火、拉紧手制动。

(2) 将泵车与井口管线连接，地面管线试压至设计施工泵压的1.5倍，经5min后不刺不漏为合格。

(3) 井口操作人员侧身打开套管阀门打入洗井工作液。

(4) 洗井时有专人观察泵压变化，泵压不能超过油层吸水启动压力。排量由小到大，压力正常后逐渐加大排量，排量一般控制在$0.3 \sim 0.5 m^3/min$，将设计用量的洗井工作液全部打入井内。

(5) 洗井过程中，随时观察并记录泵压、排量、出口排量及漏失量等数据。泵压升高洗井不通时，应停泵及时分析原因进行处理，不得强行憋泵。

(6) 洗井结束后，泄压后拆卸管线。

操作安全提示：

(1) 热洗应保证水质清洁，水量不低于井筒容积的2倍，水温不低于 70℃。

（2）洗井施工期间操作人员不得跨越管线，打高压时远离管线，进入安全区域。

（3）严重漏失井采取有效堵漏措施后，再进行洗井施工。

（4）洗井结束后洗井液进出口相对密度应一致，出口液体干净无杂质污物。

（5）洗井过程中加深或上提管柱时，洗井工作液必须循环两周以上方可活动管柱，并迅速连接好管柱，直到洗井至施工设计深度。

8. 安装井口防喷器操作

准备工作：

（1）正确穿戴劳动保护用品。

（2）设备准备：提升设备 1 套。

（3）工用具、材料准备：375mm×46mm 活动扳手 2 把，M46 固定扳手 2 把，大锤 1 把，钢丝刷 1 把，2SFZ18-21 防喷器 1 套，连接螺栓 12 条，大钢圈 1 个，5m 绳套 1 根，润滑脂、棉纱少许。

操作步骤：

（1）选择、检查防喷器，确保各部件完好、齐全。

（2）观察井口压力，井口放压，拆井口。

（3）检查四通和防喷器钢圈槽及钢圈是否完好并清理干净，涂抹润滑脂，将钢圈放入钢圈槽内。

（4）将钢丝绳套与防喷器提环卡好，平稳吊起，放在井口四通上，将防喷器坐正，确认钢圈入槽、上下螺孔对正，方向符合要求。

（5）连接螺栓，先对角上紧，再上紧全部螺栓。

（6）将试压短节连在油管悬挂器上。

(7) 将防喷器内灌满清水,关闭防喷器闸板。
(8) 连接管线,用清水试压21MPa,时间不少于10min。
(9) 确定合格后,放压。

操作安全提示:
(1) 吊装防喷器时要平稳,防止挂碰井口流程。
(2) 开、关防喷器时两端圈数要一致。
(3) 确认无余压后再操作。

9. 排放、丈量油管,计算油管累计长度操作

准备工作:
(1) 正确穿戴劳动保护用品。
(2) 工用具、材料准备:15m钢卷尺1把,内径规1个,计算器1个,$\phi 73mm$ 或 $\phi 89mm$ 油管150根,记录笔,记录纸。

操作步骤:
(1) 检查所需丈量油管螺纹、管体腐蚀情况,有无弯曲、裂痕和孔洞等。
(2) 准备好下井油管若干根摆放在油管桥上,油管桥应坚固平整。
(3) 用标准的油管内径规通油管。
(4) 将油管排列整齐,每10根一组。
(5) 使用检测合格有效长度为15m以上的钢卷尺。一人将钢卷尺"0"刻度对准油管(抽油杆)接箍端面,另一人拉直钢卷尺至油管螺纹根部,并读出油管单根长度,第三人将油管长度记录在油管记录纸上。
(6) 按每10根油管一组的顺序依次累计各组油管长度,在油管记录纸上标出各组油管的累计长度,油管累计长度误差在0.02%。

操作安全提示：

（1）油管桥要平稳、坚固。

（2）排放油管要配合默契。

10. 画管柱结构示意图

准备工作：

工用具、材料准备：20~30cm 直尺 1 把，A4 白纸 1 张，笔 1 支。

操作步骤：

（1）在 A4 白纸上部居中位置写上名称："××井××施工下井管柱结构示意图"。

（2）在下井管柱的名称下面适当位置，居中画一长约 50~60mm 的细实横线。在横线中央垂直画一条点划线（代表井筒轴线）。

（3）在竖线两侧对称画四条垂线，内侧两条垂线比外侧两条垂线要短 10mm。内侧两条线代表套管，间距一般为 14mm。外侧两条垂线代表井壁，间距一般为 18mm。

（4）在内侧两垂线的下端点分别画上一小三角符号，代表套管下入深度。再将外侧两垂线的端点，用横线连接代表钻井井深。

（5）在代表套管的两条线距下端点三角符号 10mm 处用横线连接，代表人工井底。

（6）沿代表井壁左侧的垂线分别画出各射孔层位，各层位置和层间距比例适当。每个层位用两平行横线所夹面积表示，两条平行线分别表示油层顶界和底界，标好层段数据。

（7）在靠表示井身图形的上部适当位置画上断裂线。并在表示井壁和套管的垂线之间对称画上连线表示水泥返高。

（8）在表示井壁的右侧垂线上与表示水泥返高、目前人工井底、套管深度、井身等平齐的位置引出标注线,并标注名称及深度。

(9)沿轴线两侧,间距约5~6mm向下画两条垂线,长度适当,代表下井管柱,其下端点位置为设计完成管柱位置。

(10)选择特征符号,按一定比例,在代表下井管柱的两条垂线上适当位置画出设计管柱的下井工具。

(11)在表示井壁的右侧垂线上与表示下井工具符号顶界乎齐的位置各引出一横线,并在其上标注下井工具名称。

(12)按设计管柱要求,依据油管记录数据和测量得到的下井工具数据,计算管柱中各下井工具之间的油管根数及工具完成深度,并标注在下井管柱结构图上。

注意事项:

(1)画下井管柱结构示意图要图样清洁,各部分比例适当。

(2)图样中下井工具的特征符号要正确。

(3)图样中各下井工具次序、位置准确。

11. 液压钳操作

准备工作:

(1)正确穿戴劳动保护用品。

(2)设备准备:提升设备1套。

(2)工用具、材料准备:吊卡2只,液压油管钳1台,$\phi 73mm$或$\phi 89mm$油管30根。

操作步骤:

(1)卸扣。

①使用前对吊绳、尾绳、管线连接等各要害部件进行检查,并试运行。

②油管上扣时将液压钳上的上卸扣旋钮向左旋,使其箭

头端指向卸扣方向。

③将变速挡手柄扳到低速挡位置,再将钳体开口拉向井口油管,油管进入开口腔内。

④操作人员一只手稳住钳头,另一只手轻拉操作杆使背钳初步卡紧接箍,再将操作杆拉到最大位置,开始卸扣。扣卸松2~3圈后操作杆回中位,再挂高速挡卸扣。

⑤卸扣过程中操作人手一定要始终握住操作杆,不能让操作杆向中间位置回动,当手感觉到轻微跳扣振动时,证明卸扣完毕。

⑥及时挂低速挡再将操纵杆推到相反最大位置,使开口齿轮正转,当开口齿轮、壳体缺口复位,立即撒手,使操作杆回到中位。用手推钳尾部的侧面把手,将钳体开口从油管本体退出。

(2) 上扣。

①使用前对吊绳、尾绳、管线连接等各要害部件进行检查,并试运行。

②油管上扣时将液压钳上的上卸扣旋钮向右旋,使其箭头端指向上扣方向。

③将变速挡手柄扳到低速挡位置,再将钳体开口拉向井口油管,油管进入开口腔内。

④操作人员一只手稳住钳头,另一只手轻拉操作杆使背钳初步卡紧接箍,再将操作杆推到最大位置,开始上扣。上扣2~3圈后操作杆回中位,再挂高速挡上扣。

⑤上扣过程中操作人手一定要始终握住操作杆,不能让操作杆向中间位置回动。

⑥上紧扣后,挂低速挡再将操纵杆拉到相反最大位置,使开口齿轮反转,当开口齿轮、壳体缺口复位,立即撒手,

使操作杆回到中位。用手推钳尾部的侧面把手,将钳体开口从油管本体退出。

操作安全提示:

(1) 操作液压钳时尾绳两侧不准站人,严禁两个人同时操作液压钳。

(2) 操作时不得过快、过猛,以免发生伤人事故。

(3) 更换钳牙或维修时,必须切断液压动力。

(4) 液压钳复位时必须用低速挡。

12. 管钳地面上卸扣操作

准备工作:

(1) 正确穿戴劳动保护用品。

(2) 工用具、材料准备:900mm、1200mm 管钳各 2 把,卡取物 1 件。

操作步骤:

(1) 上扣。

①检查管钳无裂纹,钳牙完好清洁,地面坚实。

②按卡取物外径调整好管钳开口,搭好背钳和主钳。

③上扣时两腿分开,曲腿弯腰,目视卡取物,左手扶钳头,右手握住钳柄。

④上下移动,以一臂距离为宜,用力下压管钳时,左手不离钳头,右手五指伸开,掌心贴附于钳柄,如此反复上紧螺纹。

⑤紧扣时,可用加力杠紧扣,也可用人踩主钳。

(2) 卸扣。

①检查管钳无裂纹,钳牙完好清洁,地面坚实。

②按卡取物外径调整好管钳开口,搭好背钳和主钳。

③扣紧时,可用加力杠松扣,也可用人踩主钳松扣。

④卸扣时两腿分开,曲腿弯腰,目视卡取物,右手扶钳头,左手握住钳柄。

⑤上下移动,以一臂距离为宜,用力下压管钳时,右手不离钳头,左手五指伸开,掌心贴附于钳柄,将要完全卸开时,为防止偏扣可用手卸扣。

操作安全提示:

(1) 上卸扣时卡取物一定要相对固定。

(2) 主钳运动轨迹内不准站人,不得有障碍物,以防管钳反弹伤人。

(3) 踩主钳时,主钳与背钳夹角以不超过45°为宜,手扶另一人为支撑点,以防滑倒。

13. 使用大锤操作

准备工作:

(1) 正确穿戴劳动保护用品。

(2) 工用具、材料准备:大锤1把,锤击物1个,棉纱少许。

操作步骤:

(1) 检查大锤无裂纹、清洁,锤击物相对固定、清洁,地面平整有防滑措施。

(2) 一人持锤,面对锤击点,左腿在后,右腿在前,身体略前倾,距离锤击点0.5m左右。

(3) 右手握锤柄前端1/3处,左手握住锤柄末端,眼看锤击点,将锤举至适当高度锤击。

(4) 需大力锤击时,锤下落时右手同时滑行到左手处,用力锤击。

操作安全提示:

(1) 锤击时,锤运动轨迹内不得站人。

(2) 锤击点应清洁,防止飞溅物伤眼。

(3) 锤击时要握紧锤柄,防止脱手伤人。

14. 下油管操作

准备工作:

(1) 正确穿戴劳动保护用品。

(2) 设备准备:提升设备1套。

(3) 工用具、材料准备:液压油管钳1台,油管吊卡2只,小滑车1个,600mm管钳1把,$\phi 73$mm或$\phi 89$mm油管30根,钢丝刷1把,密封脂1桶。

操作步骤:

(1) 拉送油管人员将油管接箍端放在油管枕上,外螺纹端放在小滑车内。

(2) 井口人员将吊卡扣在油管上,锁好后吊卡开口朝上。

(3) 井口人员挂好吊环,插上销子,指挥操作手操作修井机将油管提起。

(4) 拉送油管人员用管钳拉住油管,防止挂碰井架、井口。

(5) 拉送油管人员将油管平稳送至井口人员手中。

(6) 井口人员将油管对正后,用液压油管钳或者管钳按规定扭矩值上紧油管螺纹。

(7) 操作修井机将油管提起,井口人员摘去吊卡,将油管下入井内。

(8) 油管下到最后几根时,下放速度不得超过5m/min,防止顿弯油管。

(9) 油管下完后接上清洗干净的油管悬挂器(装有密封圈),对好井口下入并坐稳,对角顶紧顶丝。

操作安全提示：

（1）下井油管螺纹必须清洁，连接前要涂匀密封脂。

（2）拉送油管人员必须站在油管侧面。

（3）下井油管螺纹不准上偏，必须上满、旋紧，其扭矩符合规定。

（4）下大直径工具在通过射孔井段时，下放速度不得超过 5m/min。

（5）油管未下到预定位置遇阻或上提受卡时，应查明原因及时解决。

（6）井口要有防掉、防喷装置。

（7）随时观察修井机、井架、绷绳和游动系统，发现问题立即停车处理，待正常后才能继续施工。

15. 抽油杆卸扣操作

准备工作：

（1）正确穿戴劳动保护用品。

（2）设备准备：提升设备1套。

（2）工用具、材料准备：600mm 管钳 1 把，900mm 管钳 2 把，抽油杆吊卡 2 只，抽油杆 30 根。

操作步骤：

（1）检查管钳完好，背钳尾绳牢固。

（2）抽油杆坐在井口吊卡上后，操作人员调整好背钳和管钳开口，一人将背钳按逆时针卸扣方向打在井内抽油杆接头四棱处，一人右手手心朝上握住管钳柄前端，左手手心朝下握住管钳柄尾端，左腿在前支撑身体重心，右腿在后，防止后倒，身体略前倾，将卸扣管钳咬住抽油杆接头四棱处。

（3）卸松扣时，操作人员平稳向后用力，待背钳受力后左手微下压，同时右手滑至左手处加力卸松抽油杆。

(4)后撤超出管钳长度位置,微弯腰,两腿分开,左胳膊抬起高于管钳高度,右手背后或放在腹部,左手微向下压管钳,同时匀速将管钳推向另一人。另一人与对方保持相同姿势,接管钳时伸出左手拇指向下,手掌微向上抬起,接住管钳后微压匀速送出,如此循环卸扣。直至将扣完全卸开,摘下管钳、背钳。

操作安全提示:

(1)井口应平整,有防滑措施。

(2)大力卸扣时防止管钳脱手摔倒或管钳反弹伤人。

(3)循环卸扣时要平稳操作,防止管钳伤手。

16. 反循环压井操作

准备工作:

(1)正确穿戴劳动保护用品。

(2)设备准备:泵车1台。

(3)工用具、材料准备:容积为井筒容积2倍的方罐1个,针型阀1个,单流阀1个,1000mm钢板尺1把,密度计、黏度计、失水仪各1套。

操作步骤:

(1)对称顶紧大四通顶丝。

(2)接好油、套放气管线。进口装单流阀。油管用油嘴控制,套管用针型阀控制,放净油、套管内的气体。

(3)将泵车与进口管线连接,倒好采油树阀门,对进口管线用清水试压。试压压力为设计工作压力的 1.5~2.0 倍,5min 不刺不漏为合格。

(4)倒好反洗井流程,用清水反循环洗井脱气。洗井过程中使用针型阀控制进出口排量平衡,清水用量为井筒容积的 1.5~2.0 倍。

（5）用压井液反循环压井。若遇高压气井，在压井过程中使用针型阀控制进出口排量平衡，以防止压井液在井筒内气侵，使压井液密度下降而造成压井失败。压井液用量为井筒容积的1.5倍以上。一般要求在压井结束前测量压井液密度，进出口压井液密度差小于2%时停泵。

（6）观察30min，进、出口均无溢流，压力平衡后，完成反循环压井操作。

操作安全提示：

（1）施工出口管线必须用硬管线连接，不能有小于90°的急弯，在井口附近装好针型阀，并且每10~15m固定一地锚。

（2）施工进口管线必须在井口处装好单流阀（在高压油、气井压井时，使用高压单流阀），防止天然气倒流至泵车造成火灾事故。

（3）压井施工前，必须检查压井液性能，不符合设计要求的压井液不能使用。

（4）压井前，要先用2.0倍井筒容积的清水进行脱气。

（5）压井施工时，要连续施工，中途不得停泵，以防止压井液被气侵。

（6）重复压井时，要先将井筒内的压井液放干净，再进行压井作业。

（7）地面罐必须放置在距井口30~50m以外，泵车排气管要装防火帽。

（8）在高压油、气井进行压井施工时，要做好防火、防爆、防中毒、防井喷、防污染工作。

17. 一次替喷操作

准备工作：

（1）正确穿戴劳动保护用品。

（2）设备准备：泵车1台，提升设备1套。

（3）工用具、材料准备：容积为井筒容积2倍的方罐1个，针型阀1个，单流阀1个，1000mm钢板尺1把，清水（依计算确定）。

操作步骤：

（1）按施工设计要求，准备足够的清水。

（2）下入替喷管柱。替喷管柱深度要下至人工井底以上1~2m，下至距人工井底100m时，开始控制管柱的下放速度。

（3）连接泵车管线，从油管正打入清水，启动压力不得超过油层吸水压力，排量不低于$0.5m^3/min$，大排量将设计规定的清水全部替入井筒，替喷过程要连续不停泵。

（4）替喷后，进出口替喷工作液密度差应小于$0.02g/cm^3$。

（5）上提管柱至设计完井深。

操作安全提示：

（1）必须连接硬管线，固定牢靠。

（2）进口管线要安装单流阀，并试压合格。

（3）替喷作业前要先放压，并采用正替喷方式。

（4）替喷过程中做好防喷工作。

（5）要准确计量进出口液量。

（6）替喷所用清水不少于井筒容积的1.5倍。

（7）施工要连续进行，中途不得停泵。

（8）防止将压井液挤入地层，污染地层。

（9）制定好防井喷、防火灾、防中毒的措施。

（10）替喷用液必须清洁，计量池、罐干净，无泥砂等脏物。

18. 通井操作

准备工作：

（1）正确穿戴劳动保护用品。

（2）设备准备：泵车1台，提升设备1套。

（3）工用具、材料准备：液压油管钳1台，吊卡2只，通井规（小于套管内径6~8mm）1个，井筒容积2倍的清水，累计长度大于井深100m的油管，密封脂1桶。

操作步骤：

（1）将通井规测量好尺寸后，接在下井第一根油管底部。

（2）将通井规下入井内，下油管5根后，装自封封井器。下管速度控制为10~20m/min，在人工井底以上100m左右时，减慢速度，同时观察拉力计。

（3）通井遇阻，计算深度上报有关部门。如探到人工井底则连探三次，计算出人工井底深度。

（4）起出通井规，检查有无变形，采取相应处理措施。

操作安全提示：

（1）通井时，要随时检查井架、绷绳、地锚等。

（2）下通井管柱时，管柱按标准扭矩上紧、上平。

（3）下入井内管柱应清洗干净，螺纹涂密封脂。

（4）管柱丈量、计算准确。

（5）遇阻探人工井底，加压不得超过30kN。

（6）通井遇阻时，不得猛顿，起出通井规再检查，找出原因，待采取措施后，再进行通井。

19. 刮削套管操作

准备工作：

（1）正确穿戴劳动保护用品。

（2）设备准备：泵车1台，提升设备1套。

（3）工用具、材料准备：液压油管钳1台，吊卡2只，套管刮削器（大于套管内径2~5mm）1个，水龙带（25~40MPa，15~25m）1条，井筒容积2倍的清水，累计长度大于井深100m的油管，密封脂1桶。

操作步骤：

（1）按套管内径选择合适的套管刮削器。

（2）将套管刮削器连接在管柱底部，条件许可时，刮削器下端可多接尾管增加入井时重量，以便压缩收拢刀片、刀板。

（3）下管柱时要平稳操作，接近刮削井段开泵循环正常后，边缓慢顺螺纹紧扣方向旋转管柱边缓慢下放，上提管柱反复刮削，悬重正常为止。

（4）若中途遇阻，当悬重下降20~30kN时，应停止下管柱。边洗井边旋转管柱反复刮削至悬重正常，再继续下管柱，一般刮管至射孔井段以下10m。

（5）刮削完毕要大排量反循环，将刮削下来的脏物洗出地面。

（6）洗井结束后，起出井内刮削管柱，结束刮削操作。

操作安全提示：

（1）选择适合的套管刮削器。

（2）套管刮削器下井前应认真检查。

（3）刮削管柱下放要平稳。

（4）刮削射孔井段时要有专人指挥。

（5）当刮削管柱遇阻时，应逐渐加压，开始加10~20kN，最大加压不得超过30kN，并缓慢上下活动管柱，不得猛提猛放，也不得超负荷上提。

20. 套管刮蜡操作

准备工作：

(1) 正确穿戴劳动保护用品。

(2) 设备准备：泵车1台，提升设备1套。

(3) 工用具、材料准备：液压油管钳1台，吊卡2只，套管刮蜡器1个，井筒容积2倍的清水，累计长度大于井深100m的油管，密封脂1桶。

操作步骤：

(1) 准备井史资料，查清结蜡井段、目前技术状况。根据施工设计或井况组配刮蜡管柱。

(2) 按设计选用标准的刮蜡器，其直径要比套管内径小6~8mm。

(3) 把刮蜡器接在下井第一根油管底部，上紧扣后下入井内，下油管5根后装好自封封井器，继续下入至设计深度。

(4) 刮蜡深度一般为下至射孔底界10m，特殊情况按设计要求执行。

(5) 下刮蜡管柱，一般采用边循环边下管柱施工的方法。

(6) 如管柱遇阻上提管柱3~5m，反打入热水循环，循环一周后停泵。再反复活动下入管柱，下入10m左右后上提2~3m，反打入热水循环，循环一周后停泵。如此反复活动下入管柱，每下入10m左右打热水循环一次，直至下到设计刮蜡深度或人工井底。

(7) 刮蜡至设计深度后，用井筒容积1.5~2倍、水温不低于70℃的热水或溶蜡剂循环洗井，彻底清除井壁结蜡。

(8) 起出刮蜡管柱。

操作安全提示：

(1) 如果遇阻可适当缩小刮蜡器外径（每次2mm）。

(2) 对结蜡不严重或投产不久的新井,可用带侧孔的刮蜡器,结蜡严重的下入不带侧孔的刮蜡器。

(3) 刮蜡管柱下放要平稳,刮蜡至结蜡井段要有专人指挥。

21. 常规冲砂操作

准备工作:

(1) 正确穿戴劳动保护用品。

(2) 设备准备:泵车1台,提升设备1套。

(3) 工用具、材料准备:液压油管钳1台,吊卡2只,ϕ73mm 冲砂笔尖1个,活动弯头1个,水龙带(25~40MPa,15~25m)1条,40m³方罐1个,井筒容积1.5~2倍的清水,累计长度大于井深100m的油管,3m棕绳1根,密封脂1桶。

操作步骤:

(1) 冲砂笔尖接在下井第一根油管底部。

(2) 下油管探砂面,核实深度。

(3) 将单流阀连接在井口油管上。

(4) 将冲砂弯头及水龙带连接在下井油管第一根与井内油管连接好。

(5) 接好管线循环洗井,返出正常缓慢下油管,同时用泵车向井内泵入清水。如有进尺,则以0.5m/min的速度缓慢均匀加深管柱。

(6) 当一根油管冲完后,为了防止在接单根时砂子下沉造成卡管柱,要循环洗井15min以上,同时把活接头用管钳上在欲下井的油管单根上。泵车停泵后,接好单根,开泵继续循环加深冲砂。

(7) 按上述要求重复接单根冲砂,连续加深5根油管后,必须循环洗井1周以上再继续冲砂。

（8）冲砂至设计要求深度后，要充分循环洗井，当出口含砂量小于0.2%时，起冲砂管柱，结束冲砂作业。

操作安全提示：

（1）严禁使用普通弯头替代冲砂弯头。

（2）冲砂弯头及水龙带用安全绳系在大钩上，防止落物意外发生。

（3）冲至砂面时加压不大于10kN。

（4）禁止使用带封隔器、通井规等大直径的管柱冲砂。

（5）冲砂施工必须在压住井的情况下进行。

（6）冲砂过程中要缓慢均匀地下放管柱，以免造成砂堵或憋泵。

（7）冲砂施工需有沉砂池，进、出口罐分开，防止将冲出的砂又循环带入井内。

（8）要有专人观察冲砂出口返液情况。若发现出口不能正常返液，应立即停止冲砂施工，迅速上提管柱至原砂面以上30m，并活动管柱。

（9）在进行混气水或泡沫冲砂施工时，井口应装高压封井器，出口必须接硬管线并用地锚固定牢。

（10）冲砂施工中途若作业机出故障，必须进行彻底循环洗井。若泵车或压风机出现故障，应迅速上提管柱至原砂面以上30m，并活动管柱。

（11）因管柱下放快造成憋泵，应立即上提管柱，待泵压和出口排量正常以后，方可继续加深管柱冲砂。

（12）对冲砂地面罐和管线的要求同压井作业，尤其是气井特别是要注意防火、防爆、防中毒，避免事故发生。

22. 铅模打印操作

准备工作：

（1）正确穿戴劳动保护用品。

（2）设备准备：泵车1台，提升设备1套。

（3）工用具、材料准备：液压油管钳1台，吊卡2只，铅模1个，内外卡钳1副，300mm游标卡尺1个，1000mm钢板尺1个，数码相机1个，绘图工具1套，井筒容积1.5倍的清水，累计长度大于井深100m的油管，密封脂1桶。

操作步骤：

（1）冲砂。

（2）将铅模连接在下井的第一根油管底部。

（3）铅模下至鱼顶以上5m时，冲洗鱼头，边冲洗边慢下油管，下放速度不超过2m/min。

（4）当铅模下至距鱼顶0.5m时，以0.5~1.0m/min的速度边冲洗边下放，一次加压打印。一般加压30kN，增加钻压不能超过50kN。

（5）起出油管，卸下铅模清洗。

（6）铅模描述。①用照相机拍照铅模，保留铅模原始印痕。②用1∶1的比例绘制草图。

操作安全提示：

（1）铅模下井前必须认真检查。

（2）严禁带铅模冲砂。

（3）冲砂打印时，洗井液过滤后方可泵入井内。

（4）一个铅模在井内只能加压打印一次。

（5）起下铅模管柱时，要平稳操作，随时观察拉力计的变化。

（6）起带铅模管柱遇卡时，严禁猛提猛放。

（7）在修井泥浆里打铅印，如果因故停工，应将井内修井泥浆替净或将铅模起出，防止卡钻。

（8）若铅模遇阻时，切勿硬顿硬砸。

（9）当套管缩径、破裂、变形时，下铅模打印加压不超过30kN，防止铅模卡在井内。

23. 胀管器冲胀操作

准备工作：

（1）正确穿戴劳动保护用品。

（2）设备准备：提升设备1套，循环设备1套。

（3）工用具、材料准备：内外卡钳1副，300mm游标卡尺1个，1000mm钢板尺1个，液压钳1台，ϕ73mm钻杆吊卡2只，胀管器1个，方钻杆1根，密封脂1桶。

操作步骤：

（1）选择工具，确保灵活好用。

（2）将工具接在管柱的最下端，下入井内至变形部位以上1~2m，开泵循环。

（3）缓慢到变形顶点时，在方钻杆作一标记。

（4）上提高度不超过2m，下击至标记0.2~0.3m时刹车，利用钻杆惯性伸长冲击变形部位，如此反复直至通过变形部位且无夹持力。

（5）更换下一级差的梨形胀管器，重复上述动作，直至套管内通径恢复为止。

操作安全提示：

（1）施工前要仔细检查井架、绷绳、地锚、大绳、死绳头等部位。

（2）指重表要灵活好用。

（3）冲胀整形管柱必须上紧，防止脱扣。

(4) 多次胀不开时，不能增加上提高度和下放速度，防止卡钻。

24. 磨铣落鱼操作

准备工作：

(1) 正确穿戴劳动保护用品。

(2) 设备准备：提升设备1套，旋转设备1套，循环设备1套。

(3) 工用具、材料准备：液压钳1台，活门吊卡2只，磨鞋1个，扶正器4m，ϕ73mm钻杆（鱼顶以上加50m），修井液20m³，密封脂1桶。

操作步骤：

(1) 卸井口装置，将套铣筒或磨鞋连接在下井第一根钻杆的底部，下井。

(2) 套铣筒或磨鞋下至鱼顶以上5m处，停止下放钻具。

(3) 接正洗井管线，开泵循环试循环一周，泵压正常试转，旋转钻具正常，记录悬重。

(4) 缓慢下放管柱加压磨铣，钻压不得超过45kN，排量大于800L/min，转速40~80r/min，中途不得停泵。

(5) 开振动筛，录取钻屑、修井液参数。

(6) 磨铣到位后洗井1.5~2周，起出管柱。

(7) 检查磨铣工具，分析磨铣效果，确定下步方案。

操作安全提示：

(1) 下钻速度不宜太快。

(2) 作业中途不得停泵，修井液的上返速度应不低于36m³/h，如达不到应采用沉砂管或捞砂筒等辅助工具，以防止磨屑卡钻。

(3) 如果出现单点长期无进尺，应分析原因，采取措施，防止磨坏套管。

(4) 在磨铣过程中,为了不损伤套管,应在磨鞋上部加接一定长度的钻铤或在钻具上接扶正器,以保证磨鞋平稳工作。

(5) 不能与震击器配合使用。

25. 套铣筒套铣操作

准备工作:

(1) 正确穿戴劳动保护用品。

(2) 设备准备:提升设备1套,旋转设备1套,循环设备1套。

(3) 工用具、材料准备:液压钳1台,活门吊卡2只,套铣筒1个,安全接头1个,$\phi 73mm$钻杆(鱼顶以上加50m),修井液$20m^3$,密封脂1桶。

操作步骤:

(1) 套铣筒下井前要测量外径、内径和长度尺寸,并绘制草图。

(2) 套铣筒连接时,螺纹一定要清洁,并涂螺纹密封脂。

(3) 根据地层的软硬及被磨铣物体的材料、形状,选用套铣头。

(4) 下套铣筒时必须保证井眼畅通。在深井、定向井、复杂井套铣时,套铣筒不要太长。

(5) 套铣筒下钻遇阻时,不能用套铣筒划眼。

(6) 当井较深时,下套铣筒要分段循环修井液,不能一次下到鱼顶位置,以免开泵困难,憋漏地层和卡套铣筒。

(7) 下套铣筒要控制下钻速度,由专人观察环空修井液上返情况。

(8) 套铣作业中若套不进落鱼时,应起钻详细观察铣鞋的磨损情况,认真分析,并采取相应的措施。不能采取硬铣的方法,避免造成鱼顶、铣鞋、套管的损坏。

(9)应以憋跳小、钻速快、井下安全为原则选择套铣参数。

(10)套铣筒入井后要连续作业,当不能进行套铣作业时,要将套铣筒上提至鱼顶50m以上。

(11)每套铣3~5m,上提套铣筒活动一次,但不要提出鱼顶。

(12)套铣时,在修井液出口槽内放置一块磁铁,以便观察出口返出的铁屑情况。

(13)套铣过程中,若出现严重憋钻、跳钻、无进尺或泵压上升或下降时,应立即起钻分析原因。待找出原因,泵压恢复正常后再进行套铣。

(14)套铣至设计深度后,要充分循环洗井,待井内碎屑物全部洗出后,起钻。

(15)套铣结束,应立即起钻。在套铣鞋没有离开套铣位置时不能停泵。

操作安全提示:

(1)套铣时加压不得超过40kN,指重表要灵活好用。

(2)在套铣深度以上若有严重出砂层位,必须处理后再套铣。

(3)在套铣施工过程中,每套铣完1根钻杆要充分洗井,时间不少于20min。

(4)在套铣施工过程中,若出现无进尺或憋钻等现象,不得盲目增加钻压,待确定原因后再采取措施,防止出现重大事故。

26. 使用公锥打捞操作

准备工作:

(1)正确穿戴劳动保护用品。

(2) 设备准备：提升设备1套，循环设备1套。

(3) 工用具、材料准备：液压钳1台，ϕ73mm钻杆吊卡2只，公锥1个，250~500mm游标卡尺1把，ϕ73mm钻杆（鱼顶以上加50m），方钻杆1套，密封脂1桶。

操作步骤：

(1) 根据落鱼水眼尺寸选择公锥规格。

(2) 检查打捞部位螺纹和接头螺纹是否完好无损。

(3) 测量各部位的尺寸，绘出工具草图，计算鱼顶深度和打捞方入。

(4) 检验公锥打捞螺纹的硬度和韧度。

(5) 公锥下井时一般应配接震击器和安全接头。

(6) 下钻至鱼顶以上1~2m开泵冲洗，然后以小排量循环并下探鱼顶。

(7) 根据下放深度、泵压和悬重的变化判断公锥是否进入鱼腔。

(8) 造扣3~4扣后，指重表（或拉力计）悬重若上升，应上提钻柱造扣，上提负荷一般应比原悬重多2~3kN。

(9) 上提造扣8~10扣后，钻柱悬重增加，造扣即可结束。

(10) 打捞起钻前，要检查打捞是否牢靠。起钻要求操作平稳，禁止转盘卸扣。

操作安全提示：

(1) 打捞鱼腔应畅通。

(2) 打捞操作时，不允许猛顿鱼顶，以防将鱼顶或打捞螺纹顿坏。

(3) 切忌在落鱼外壁与套管内壁的环形空间造扣，以免造成严重后果。

27. 使用滑块捞矛打捞操作

准备工作:

(1) 正确穿戴劳动保护用品。

(2) 设备准备:提升设备1套,循环设备1套。

(3) 工用具、材料准备:液压钳1台,ϕ73mm钻杆吊卡2只,滑块捞矛1个,安全接头1个,300mm游标卡尺1把,ϕ73mm钻杆(鱼顶以上加50m),密封脂1桶。

操作步骤:

(1) 检查滑块捞矛的矛杆与接箍连接螺纹、水眼、滑块挡键是否合格。

(2) 将滑块滑至斜键1/3处,测量滑块在斜键1/3处的直径。

(3) 绘制下井滑块捞矛的草图。

(4) 将滑块捞矛下井,装封井器,下至距鱼顶10m时停止下放。

(5) 循环冲洗鱼顶(带水眼的滑块捞矛)。同时缓慢下放钻具,注意观察指重表指重变化。

(6) 当悬重下降有遇阻显示时,加压10~20kN停止下放。

(7) 试提判断是否已捞上落鱼。

(8) 若已捞上落鱼,则上提管柱并停泵。①若井内落物质量很轻(1~2根油管),且不卡,试提时,落鱼是否捞上,指重显示不明显。这时,应在旋转管柱同时,反复上提下放管柱2~3次后再上提管柱。②若井内落物质量较大,且不卡,试提时,指重明显上升,可确定落鱼已捞上。③若井内有砂,则先试提,再下放,观察管柱下放位置,如果高于原打捞位置,可确定落鱼已捞上。④若井内落物被卡,试提时,指重明显上升,活动解卡后指重明显下降,这时落鱼已被捞上。

(9)落鱼捞上后,上提5~7m时刹车,再下放管柱至原打捞位置,检查落鱼是否捞得牢靠,防止所起管柱中途落鱼再次落井。

(10)起出井内管柱及落鱼。

操作安全提示:

(1)施工前要仔细检查井架、绷绳、地锚、大绳、死绳头等部位。

(2)指重表要灵活好用。

(3)打捞管柱必须上紧,防止脱扣。

(4)打捞过程中,要有专人指挥,慢提慢放并注意观察指重表的指重变化。

(5)起钻过程中,操作要平稳,防止顿井口。

28. 使用可退式捞矛打捞操作

准备工作:

(1)正确穿戴劳动保护用品。

(2)设备准备:提升设备1套,循环设备1套。

(3)工用具、材料准备:液压钳1台,φ73mm钻杆吊卡2只,可退式打捞矛1个,300mm游标卡尺1把,φ73mm钻杆(鱼顶以上加50m),密封脂1桶。

操作步骤:

(1)检查可退式捞矛尺寸、卡瓦。

(2)将可退式捞矛下井,距井内鱼顶2m时停止下放。

(3)开泵冲洗鱼顶,下探鱼顶。

(4)当钻具指重下降时,停止下放并记录悬重。

(5)下放管柱时,反转钻具2~3圈抓落鱼,当指重下降5kN停止下放,并停泵。

（6）上提管柱，判断落鱼是否捞上，若捞上则上提管柱，否则重捞。

（7）若需退出捞矛时，则钻具下击加压，上提管柱至原悬重，正转管柱2～3圈。

（8）上提打捞管柱，待捞矛退出鱼腔后，起出全部钻具。

操作安全提示：

（1）施工前要仔细检查井架、绷绳、地锚、大绳、死绳头等部位。

（2）指重表要灵活好用。

（3）打捞管柱必须上紧，防止脱扣。

（4）打捞过程中，要有专人指挥，慢提慢放并注意观察指重表的指重变化。

（5）起钻过程中，操作要平稳，防止顿井口。

29. 使用卡瓦捞筒打捞操作

准备工作：

（1）正确穿戴劳动保护用品。

（2）设备准备：提升设备1套，循环设备1套。

（3）工用具、材料准备：液压钳1台，ϕ73mm钻杆吊卡2只，卡瓦捞筒1个，300mm游标卡尺1把，内、外卡钳各1把，2000mm钢卷尺1把，ϕ73mm钻杆（鱼顶以上加50m），密封脂1桶。

操作步骤：

（1）地面检查卡瓦尺寸，用卡尺测量卡瓦结合后的椭圆长短轴尺寸，并压缩卡瓦，观察是否具有弹簧压缩力。

（2）下钻至鱼顶以上1～2m处循环洗井。

（3）下放钻具。若指重表指针有轻微跳动后逐渐下降，泵压有变化时，说明已引入落鱼，可以试提钻具。当悬重明显增加，证明已经捞获，即可起提钻。

（4）若落鱼质量较轻，指重表反映不明显，可转动钻具90°，重复打捞数次，再提钻。

（5）需要倒扣时，将钻具提至倒扣负荷进行倒扣作业。

操作安全提示：

（1）注意卡瓦捞筒不能承受大的扭矩。

（2）施工前要仔细检查井架、绷绳、地锚、大绳、死绳头等部位。

（3）指重表要灵活好用。

（4）打捞管柱必须上紧，防止脱扣。

（5）打捞过程中，要有专人指挥，慢提慢放并注意观察指重表的指重变化。

（6）起钻过程中，操作要平稳，防止顿井口。

30. 使用抽油杆捞筒打捞操作

准备工作：

（1）正确穿戴劳动保护用品。

（2）设备准备：提升设备1套，循环设备1套。

（3）工用具、材料准备：900mm管钳2把，抽油杆捞筒1个，300mm游标卡尺1把，密封脂1桶。

操作步骤：

（1）按井内抽油杆尺寸选择工具。

（2）拧紧各部分螺纹，将工具下入井内。

（3）当工具接近鱼顶时，缓慢下放，悬重下降不超过10kN，停止下放。

（4）上提，起出井内管柱。

操作安全提示：

（1）如果井下抽油杆鱼顶进工具筒体困难时，可慢慢右旋使抽油杆进入筒体。

（2）工具出井后，卸去上接头、弹簧，取出卡瓦，即可抽出抽油杆。

31. 使用三球打捞器打捞操作

准备工作：

（1）正确穿戴劳动保护用品。

（2）设备准备：提升设备1套，循环设备1套。

（3）工用具、材料准备：900mm管钳2把，三球打捞器1个，φ73mm钻杆吊卡2只，300mm游标卡尺1把，密封脂1桶。

操作步骤：

（1）将三球打捞器连接在工具管柱最下端，下井。

（2）距鱼顶1~2m时开泵循环冲洗鱼头。待循环正常后3~5min停泵，记录悬重。

（3）待通过鱼头后，再缓慢上提，原重增加，说明捞获，起钻。

操作安全提示：

（1）打捞前必须通井。

（2）检查工具外径尺寸、三球活动情况并涂机油润滑。

（1）施工前要仔细检查井架、绷绳、地锚、大绳、死绳头等部位。

（2）指重表要灵活好用。

（3）打捞管柱必须上紧，防止脱扣。

（4）打捞过程中，要有专人指挥，慢提慢放并注意观察指重表的指重变化。

（5）起钻过程中，操作要平稳，防止顿井口。

32. 使用倒扣捞筒打捞操作

准备工作：

（1）正确穿戴劳动保护用品。

(2) 设备准备：提升设备1套，循环设备1套。

(3) 工用具、材料准备：900mm 管钳 2 把，倒扣捞筒 1 个，ϕ73mm 钻杆吊卡 2 只，300mm 游标卡尺 1 把，密封脂 1 桶。

操作步骤：

(1) 检查捞筒规格是否同打捞的落鱼尺寸相等。

(2) 拧紧各部螺纹后下井。

(3) 距鱼顶 1～2m 时开泵循环冲洗鱼头。待循环正常后 3～5min 停泵，记录悬重。

(4) 慢慢右旋并下放工具，待悬重回降后，停止旋转及下放。

(5) 按规定负荷上提并倒扣。当左旋力矩减少时，说明倒扣完成，起钻。

(6) 当需要退出落鱼时，钻具下击，使工具向右旋转 1/4～1/2 圈并上提钻具，即可退出落鱼。

操作安全提示：

(1) 施工前要仔细检查井架、绷绳、地锚、大绳、死绳头等部位。

(2) 指重表要灵活好用。

(3) 打捞管柱必须上紧，防止脱扣。

(4) 打捞过程中，要有专人指挥，慢提慢放并注意观察指重表的指重变化。

(5) 起钻过程中，操作要平稳，防止顿井口。

33. 使用螺旋式外钩打捞操作

准备工作：

(1) 正确穿戴劳动保护用品。

(2) 设备准备：提升设备 1 套。

(3) 工用具、材料准备：液压钳 1 台，ϕ73mm 钻杆吊卡

2只,螺旋式外钩1个,300mm游标卡尺1把,2000mm钢卷尺1把,密封脂1桶。

操作步骤:

(1) 选择合适的螺旋式外钩,上紧后下入井内。

(2) 下至落鱼以上1~2m时,记录钻具悬重。

(3) 下放钻具,使钩体插入落鱼内同时旋转钻具,悬重下降不超过20kN。

(4) 如果对鱼顶深度不清,不能一下子插入落物太深,避免将落物压成团。

(5) 上提钻具,若悬重上升,说明已钩捞住落鱼,否则旋转一下管柱重复下放打捞,直至捞获。

(6) 如确定已经捞上,可以边上提边旋转3~5圈,让落物牢牢地缠绕在螺旋式外钩上。

(7) 起钻。

操作安全提示:

(1) 防卡圆盘的外径与套管内径之间的间隙要小于被打捞绳类落物的直径。

(2) 上提时,速度不得过快、过猛。

(3) 捞钩以上必须加装安全接头。

34. 使用磁力打捞器打捞操作

准备工作:

(1) 正确穿戴劳动保护用品。

(2) 设备准备:提升设备1套,循环设备1套。

(3) 工用具、材料准备:液压钳1台,ϕ73mm钻杆吊卡2只,磁力打捞器1个,300mm游标卡尺1把,2000mm钢卷尺1把,密封脂1桶。

操作步骤:

(1) 强磁捞筒入井至打捞鱼顶 2~4m 左右,开泵循环,冲洗落物。

(2) 保持循环(低排量)缓慢下放钻柱,接触落物,注意悬重下降不超过 10kN,然后上提钻柱 0.5~1.0m,将工具转动 90°,再重复打捞作业。

(3) 反循环捞筒循环洗井并且投入钢球到位后,大排量冲洗 10~15min,根据引鞋形状采取不同的打捞方法,然后起钻。

操作安全提示:

(1) 磁力打捞器入井前,必须用木板或胶皮同其他铁磁性设备隔开。

(2) 取下护磁板及被吸住的落物时,操作者的施力方向应与工具中心线垂直。

(3) 操作者不允许手拿铁磁性手工具接近磁力打捞器底部,以防伤人。

(4) 运输、装卸过程中避免剧烈震动和摔碰。

35. 使用机械式内割刀切割作业

准备工作:

(1) 正确穿戴劳动保护用品。

(2) 设备准备:提升设备 1 套,旋转设备 1 套,循环设备 1 套。

(3) 工用具、材料准备:液压钳 1 台,900mm 管钳 1 把,ϕ73mm 钻杆吊卡 2 只,机械式内割刀 1 个,密封脂 1 桶。

操作步骤:

(1) 工具下井前应通井,保证下井工具畅通无阻。

(2) 根据被切割管子尺寸选择好机械内割刀。

(3) 将工具接在钻柱下部下至预定深度。

(4) 循环洗井。

(5) 正转钻柱并逐渐下放直至坐卡,此时悬重应保持原钻柱重量。

(6) 继续以 12~24r/min 的转速正转,从开始切割(扭矩增加)为起点,每次下放量为 1~2mm。

(7) 当扭矩减少,说明管柱被切割掉。

(8) 上提钻柱即可解除锚定状态。

操作安全提示:

(1) 下工具时应防止正转钻柱以免中途坐卡。

(2) 如果中途坐卡,上提钻柱即可复位,然后继续下放。

(3) 切割时应按规定控制下放量和转速,防止刀片损坏。

36. 漏斗黏度计测量钻井液黏度操作

准备工作:

(1) 正确穿戴劳动保护用品。

(2) 工用具、材料准备:马氏漏斗黏度计 1 套,清水,钻井液,秒表 1 块,干净抹布 1 块。

操作步骤:

(1) 检查马氏漏斗内清洁无污物、各部位是否损坏、导管内是否有异物或变形,检查无问题后进行下一步操作。

(2) 漏斗黏度计的校正:

①握住漏斗,并用手指堵住漏斗出口,使漏斗始终保持垂直状态。

②取清水倒入漏斗中直到钻井液的水平面达到筛网底面,此时漏斗内容积为 1500mL。

③将漏斗出口对准量杯,握住秒表。

④放开堵住漏斗出口的手指,让漏斗中的水自然流入量

杯中,同时按动秒表开始计时。

⑤当946mL量杯盛满水时,停止计时,同时用手指堵住漏斗出口。

⑥记录下清水的流出时间,标准值为26s,误差不得超过±0.5s。

(3) 钻井液漏斗黏度的测定:

①用手指堵住流出口,取钻井液通过筛网倒入漏斗中直至筛网底面。

②把量杯置于流出口下,移动手指,同时按动秒表计时。

③记录好时间,作为该钻井液的漏斗黏度值。

④为提高测量的精确度,可多测几次,取平均值。

注意事项:

(1) 每次测量应把被测液体装满漏斗。

(2) 每次用完,必须清洗擦拭干净。

(3) 操作时漏斗导管管嘴处不得有磕碰而引起的畸变。

37. 密度计测量钻井液密度操作

准备工作:

(1) 正确穿戴劳动保护用品。

(2) 工用具、材料准备:密度计1套,钻井液500mL,清水500mL,干净抹布1块,铅粒若干。

操作步骤:

(1) 握住游码,检查各部件是否损坏或缺少部件。

(2) 测定前应对仪器进行校正:

①握住游码,将钻井液杯中注满清水。

②慢慢向下旋转钻井液杯盖,让多余的钻井液从杯盖的排液孔中流出,确保杯盖与钻井液杯紧密接触,用抹布擦干。

③轻轻放在支架上,使主刀口放在底座的主刀垫内。

④观察密度计是否保持平衡。

⑤若不平衡则需旋开平衡圆柱的挡盖,添加或取出适量铅粒,使杠杆保持平衡状态,保证水平泡居中。

(3) 测定钻井液的密度:

①将搅拌好的钻井液注入密度计钻井液杯中,慢慢向下旋转钻井液杯盖,让多余的钻井液从杯盖的溢流孔中流出,确保杯盖与钻井液杯紧密接触。

②用手指堵住溢流孔,用抹布将溢出的钻井液擦干擦净。

③移动游码,使杠杆两侧平衡,保证水平泡居中。

④记录游码左侧边缘所指示的数值,即为该钻井液的密度。

注意事项:

(1) 拿起杠杆时,须握住游码。

(2) 不使用时,不得把主刀口放于主刀垫内。

(3) 使用后仪器的各部配件清洗干净。

38. 远程控制台上实施关井操作

准备工作:

(1) 正确穿戴劳动保护用品。

(2) 设备、工用具、材料准备:远程控制台,井口防喷器组1套,棉纱若干。

操作步骤:

(1) 检查远程台:

①各压力表显示值:储能器压力为21MPa,环形防喷器压力与汇流管压力为10.5MPa,气源压力为0.65~0.8MPa。

②检查各换向阀工况:液动放喷阀与旁通阀手柄处于关位,其他均为开位。

(2) 开液动放喷阀:换向阀手柄扳至开位,观察压力表变化。

（3）关环形防喷器：换向阀手柄扳至关位，观察压力表变化。

（4）关闸板防喷器：换向阀手柄扳至关位，观察压力表变化并确认防喷器关闭情况（根据抽取工况确定关闭防喷器类型）。

（5）开环形防喷器：待关闭节流阀试关井后将换向阀手柄扳至开位，观察压力表变化。

注意事项：

（1）远程控制台油箱液压油要够。

（2）开关动作完成后，要把手柄扳至中位，用标牌标识。

39. 安装牙轮钻头水眼操作

准备工作：

（1）正确穿戴劳动保护用品。

（2）工用具、材料准备：三牙轮钻头1个，钻头水眼若干，润滑脂1管，棉纱若干，水眼钳子，平口螺丝刀，游标卡尺，$\phi 15mm$ 木棒1根。

操作步骤：

（1）选择水眼：按规定要求组合，用游标卡尺选择水眼。

（2）检查水眼与钻头水眼孔的质量，检查密封圈是否齐全。

（3）安装水眼：水眼外壁涂抹润滑脂，用木棒将水眼平稳压入钻头水眼孔到底。

（4）用水眼钳子把卡簧安装到位。

（5）检查水眼安装质量，清理场地，回收工具。

注意事项：

（1）安装水眼的工作环境要清洁。

(2) 水眼卡簧要安装到位。

40. 卡活绳操作

准备工作:

(1) 正确穿戴劳动保护用品。

(2) 设备准备: 通井机 1 台 (型号根据实际情况准备)。

(3) 工用具、材料准备: Y7-22mm 钢丝绳卡 1 个, 200mm 手钳 1 把, 撬杠 1 个, 300mm×36mm 活动扳手 1 把, 细铁丝 2m。

操作步骤:

(1) 将活绳头用细铁丝扎好并用手钳拧紧, 顺作业机滚筒一侧专门孔眼穿过。

(2) 将提升大绳头从滚筒内向外拉出, 把活绳头围成直径约 20cm 左右的圆环, 然后用钢丝绳卡子卡在距离绳头 4~5cm 处, 用活动扳手拧上绳卡螺母 (松紧程度以挡住绳卡时, 1 人用力能滑动为止)。

(3) 将绳环纵向穿过井架拉筋, 撬杠别住绳环卡子, 使绳环直径小于 10cm, 取出绳环, 卡紧。

(4) 在滚筒一侧拉动钢丝绳, 使活绳头绳环卡在滚筒外侧, 以不碰护罩为准。

操作安全提示:

(1) 卡好的活绳环直径小于 10cm, 绳头长度不能大于 5cm, 不磨碰护罩。

(2) 绳环绳卡的卡紧程度以钢丝绳直径变形 1/3 为准。

41. 裸眼段取套套铣操作

准备工作:

(1) 正确穿戴劳动保护用品。

(2) 设备准备：提升设备 1 套，旋转设备 1 套，循环设备 1 套。

(3) 工用具、材料准备：B 形大钳 2 台，活门吊卡 2 只，ϕ290mm 套铣头 1 个，ϕ219mm 套铣筒若干，ϕ219mm 六棱方钻杆 1 根，密封脂 1 桶。

操作步骤：

(1) 套铣头下井前要测量外径、内径和长度尺寸，并绘制草图。

(2) 套铣筒连接时，螺纹一定要清洁，并涂螺纹密封脂。

(3) 当井较深时，下套铣筒要分段循环修井液，不能一次下到鱼顶位置，以免开泵困难，憋漏地层和卡套铣筒。

(4) 下套铣筒要控制下钻速度，由专人观察环空修井液上返情况。

(5) 套铣作业时采用如下套铣参数：钻压为 20~80kN，排量为 25~28L/s，泵压为 7~9MPa，转数为 80~120r/min。

(6) 套铣筒入井后要连续作业，当不能进行套铣作业时，要将套铣筒上提但不能提出鱼顶。

(7) 每套铣一根，上提进行划眼 2~3 次。

(8) 套铣时，在修井液出口槽内放置一块磁铁，以便观察出口返出的铁屑情况。

(9) 套铣过程中，若出现严重蹩钻、跳钻、无进尺或泵压上升或下降时，应立即起钻分析原因。待找出原因，泵压恢复正常后再进行套铣。

(10) 套铣至设计深度后，要充分循环洗井，待井内岩屑全部洗出，进行下一步操作。

操作安全提示：

(1) 套铣时指重表要灵活好用。

（2）在套铣施工过程中，每套铣完1根铣筒要充分洗井划眼，时间不少于20min。

（3）在套铣施工过程中，若出现无进尺或蹩钻等现象，不得盲目增加钻压，待确定原因后再采取措施，防止出现重大事故。

42. 切割打捞取套操作

准备工作：

（1）正确穿戴劳动保护用品。

（2）设备准备：提升设备1套，旋转设备1套。

（3）工用具、材料准备：液压钳1台，ϕ73mm钻杆吊卡2只，机械式内割刀1个，可退式套管捞矛1个，300mm游标卡尺1把，ϕ73mm钻杆，密封脂1桶。

操作步骤：

（1）套铣完成后，将套铣筒坐吊在悬挂装置上。

（2）接检查好的机械式内割刀和套管捞矛连接在73mm钻杆上，割刀和捞矛之间的距离要超过套铣深度10~20m。

（3）工具入井时应对正井口，缓慢入井，不得刮碰井口。

（4）入井后下发速度控制在2m/s以内，不能转动管柱。如中途坐卡遇阻，上提管柱解卡，不能顿击强下。

（5）割刀下至预定井深（避开套管、油管接箍、钻杆接头等处）以上1m，校对指重表，记录悬重，以便在切割过程中和切割后判断。

（6）以10~20r/min的速度启动转盘，缓慢下放钻具，当钻压增加时，说明已坐卡。

（7）将钻压控制在10kN以内，切割5~12min，管柱下放量达到3cm，悬重突然增加，扭矩变小，说明套管已割断。

（8）停转盘，上提管柱将割刀解卡后下放管柱，套管捞矛进入鱼顶抓捞套管,悬重有明显增加,说明已捞获,起出管柱。

操作安全提示:

(1) 施工前要仔细检查井架、绷绳、地锚、大绳、死绳头等部位。

(2) 指重表要灵活好用。

(3) 切割打捞管柱必须上紧,防止脱扣。

(4) 切割打捞过程中,要有专人指挥,慢提慢放并注意观察指重表的指重变化。

(5) 切割打捞过程中,防止小件工具落井。

(6) 起钻过程中,操作要平稳,防止刮碰井口及转盘。

43. 使用螺杆钻具定向侧斜操作

准备工作:

(1) 正确穿戴劳动保护用品。

(2) 设备准备:提升设备1套,旋转设备1套,循环备1套,测斜装置1套。

(3) 工用具、材料准备:液压钳1台,活门吊卡2只,ϕ133mm方钻杆1根,ϕ215mm牙轮1个,1.5°弯接头1个,ϕ165mm直螺杆1根,ϕ159mm非磁钻铤1个,ϕ159mm钻铤3根,ϕ127mm钻杆若干,密封脂1桶,方钻杆量角器1个,钻杆量角器1个,转盘量角器1个,水平尺1把,钻杆打印规1个。

操作步骤:

(1) 检查螺杆钻具,连接钻头和螺杆,井口接方钻杆实验螺杆是否好用。

(2) 下入定向造斜钻具至水泥塞面或斜向器位置,即造斜点位置,定向钻具结构:ϕ215mm牙轮(P2)钻头 +

φ165mm 螺杆×1 根+1.5°弯接头+φ159mm 无磁钻铤×1 根+φ159mm 钻铤×3 根+φ127mm 钻杆。

（3）单点测斜，测量造斜位置的井斜角、方位角、弯接头工具面。

（4）在测斜照相的同时，对方钻杆和钻杆进行打印，并把井口钻杆的印痕投到转盘面的外缘上，作为基准点。

（5）根据单点测斜数据，利用井口定向工具调整工具面（调整后的工具面是：设计方位角+反扭角），锁住转盘，开泵钻进。

（6）井口定向遵循以下公式：

第一角差=预定工具面-测出工具面

定向角=第一角差+方钻杆角差

预定工具面=预计方位+反扭角（10°~15°）

注意：方钻杆角差以内螺纹接箍上标记为基准，顺时针为正值，反之为负。

（7）定向侧斜，每钻进1个单根进行一次单点测斜，根据测量的井斜角和方位角及时修正反扭矩的误差，并调整工具面，定向侧斜钻进参数：钻压为30~60kN，排量为20~25L/s，泵压为7~9MPa。

（8）当测量井斜角为2°~3°且钻速均匀时，表明已侧出原井眼。可起钻换下一步钻具。

操作安全提示：

（1）施工前要仔细检查井架、绷绳、地锚、大绳、死绳头等部位。

（2）指重表要灵活好用。

（3）所有钻具必须上紧，否则反扭角误差大给定向造成困难，并易脱扣，发生事故。

（4）在确定了反扭角和钻压后，要严格控制钻压的变化范围，通常在预定钻压±20kN内变化。

（5）每次接单根时，钻杆可能会转动一点，注意转动钻杆的打印位置至预定位置。

（6）如果调整工具面的角度较大，调整后应上下活动钻具2~3次（停泵状态），以便钻杆扭矩迅速传递。

45. 打侧斜水泥塞操作

准备工作：

（1）正确穿戴劳动保护用品。

（2）设备准备：提升设备1套，循环设备1套，泵车1台。

（3）工用具、材料准备：液压钳1台，活门吊卡2只，ϕ133mm方钻杆1根，ϕ127mm钻杆若干，密封脂1桶。

操作步骤：

（1）取套完成后，下ϕ127mm钻杆至鱼顶以上1m，开泵循环一周，保证无憋、漏等异常情况。

（2）重泥浆压井。

（3）连固井管线和泵车。

（4）根据井眼直径及打塞深度、长度计算出灰量及替入量。

（5）先注入前置隔离液1~2m³后，按设计量注入密度为1.85~1.95g/cm³的水泥浆。

（6）注顶替隔离液1~2m³，然后将管柱内水泥浆替至预定水泥面深度。

（7）起出管柱，候凝24~36h。

（8）探灰面，确保水泥塞能够承压50kN。

操作安全提示：

(1) 施工前管线要试压合格。

(2) 所有钻具必须上紧。

(3) 注灰过程中要勤量灰比，控制在设计范围内。

46. 反循环打捞篮打捞操作

准备工作：

(1) 正确穿戴劳动保护用品。

(2) 设备准备：提升设备1套，旋转设备1套，循环设备1套。

(3) 工用具、材料准备：液压钳1台，活门吊卡2只，反循环打捞篮1个，ϕ133mm方钻杆1根，ϕ127mm钻杆若干，ϕ159mm钻铤6根，密封脂1桶。

操作步骤：

(1) 下井前首先检查打捞篮是否装好，所用部件是否处于良好工作状态，选用型号与当时井径配合相一致。

(2) 打捞钻具组合：反循环打捞篮 + 钻铤 + 钻杆。

(3) 下钻使打捞篮距井底1～3m，大排量循环泥浆5～10min，把由于下钻过程中可能集于筒体内的泥砂冲洗出。

(4) 卸掉方钻杆投入钢球，开泵循环泥浆，边循环边等钢球进入阀座，当钢球进入阀座后泵压会突然上升0.5～2MPa，形成局部反循环。

(5) 下放钻具使打捞篮距井底0.1～0.2m，边循环边上下活动及转动钻具，循环15～20min，预计全部落物均被冲入筒内后，再开始取心，以保存捞住的落物和被顶入的落物。

(6) 取心参数：取心钻压为1～4t，转速为40～55r/min，排量为9～22L/s，取心长度为0.3～0.5m。

(7) 边钻边放进行套铣岩心工作，取心完后，提起钻具

第三部分 基本技能

使打捞篮内的打捞爪插入岩心,因而就把落物和岩心牢牢地装在打捞篮的筒体内。

(8)起出钻具,检查捞获落物情况,回收钢球保养。

注意事项:

(1)指重表要灵活好用。

(2)泥浆必须过滤使用,防止堵塞水眼。

(3)起钻时操作要平稳,不能用转盘卸扣。

(4)每使用一次起钻后先用清水冲刷,然后拆卸保养,以免泥浆锈蚀工具。

二、常见故障判断处理

1. 砂卡有什么现象?原因有哪些?如何处理?

砂卡现象:

在油水井生产或作业过程中,由于地层砂或工程砂埋住部分管柱,使管柱不能正常提出井口。

砂卡原因:

(1)在油井生产过程中,由于地层疏松或生产压差过大,油层中的砂子随油流进入油套环空后逐渐沉淀,造成砂埋部分管柱形成砂卡。

(2)冲砂作业时,由于排量不足,工作液携砂能力差,不能将砂子返出或完全返出井外造成砂卡。施工中由于液量不足、冲砂进尺太快、接单根时间过长、因故不能连续施工,都会造成砂子下沉埋住管柱而卡钻。

(3)压裂施工中,由于管柱深度不合适、砂比大、压裂液不合格及压裂后放压太猛也会造成砂卡。

(4)在填砂作业时,由于砂比太大,未持续活动管柱,也会造成砂卡。

处理方法：

（1）活动管柱解卡：对砂桥卡钻或卡钻不严重的井可提放反复活动钻具，使砂子受震动疏松下落解除；砂卡较严重的可在设备负荷和井下管柱强度许可范围内大力上提悬吊一段时间，再迅速下放，反复活动解除砂卡，解卡前，必须认真检查设备保障各部位可靠、灵活好用，每活动 10~20min 应稍停一段时间，以防管柱疲劳而断脱。

（2）憋压循环解卡：发现砂卡立即开泵洗井，若能洗通则砂卡解除，如洗不通可采取边憋压边活动管柱的方法。憋压压力应由小到大逐渐增加，不可一下憋死，憋一定压力后突然快速放压同时活动管柱效果会更好。

（3）连续油管冲洗解卡：用连续油管车将连续油管下入被卡管柱内，下到砂面附近后，开泵循环冲洗出被卡管柱内的砂子，深度超过被卡管柱深度后，继续冲洗被卡管柱外的砂子，逐步解除砂卡。

（4）诱喷法解卡：地层压力较高的井发生砂卡可采用此种方法，用诱喷的方法使井能够自喷。通过放喷使砂子随油气流喷出井外，从而起到解卡的目的。

（5）套铣筒套铣：套铣就是在取出卡点以上管柱后，其他措施无效或无明显作用，采用套铣筒等硬性工具对被卡落鱼进行套铣，清除掉卡阻处的落鱼，以解除卡阻。

2. 落物卡有什么现象？原因有哪些？如何处理？

落物卡现象：

在起下钻施工中，由于井内落物把井下管柱卡住造成不能正常起下钻柱施工的事故。

落物卡原因：

（1）由于井口未装防落物保护装置造成井下落物。

（2）不严格按操作规程施工，造成井下落物。

（3）由于井口工具质量差、强度低，在正常施工时造成井下落物。

处理方法：

（1）解除落物卡钻切忌大力上提，以防卡死或损伤套管。

（2）根据落物形状大小及材质，考虑把落物拨正后能否从环空落下去或能否靠管柱提放、转动将其挤碎。如果可能的话可慢慢提放、转动管柱，将落物拨正落到井底或将其挤碎，达到解卡的目的。

（3）如果被卡管柱下面有大直径工具（如封隔器等），落物任何角度都无法通过环空，并且落物材质坚硬不易挤碎，轻提、慢放、转动管柱无效，可测算卡点深度，将卡点以上管柱倒出，根据落物形状大小，选择合适的工具，（如强磁打捞器、一把抓等），将落物捞出，如捞不出可选择尺寸合适的套铣筒将其套掉，再捞出落井管柱。

（4）如落物不深并且不大（如钳牙、螺栓等），可采用悬浮力较强的洗井液大排量正洗井，同时上提管柱，直到把落物洗出井外后使管柱解卡。

3. 套变卡有什么现象？原因有哪些？如何处理？

套变卡现象：

井下管柱、工具等卡在套管内，用与井下管柱悬重相等或稍大一些的力不能正常起下作业。

套变卡原因：

（1）对井下套管情况不清楚，错误地把管柱、工具下在套管损坏处。

(2) 油水井在生产过程中,由于泥岩膨胀、井壁坍塌造成套管变形或损坏而将井下管柱卡在井内。

(3) 由于构造运动或地震等原因造成套管错断、损坏发生卡钻。

(4) 在井下作业及增产措施施工中,操作或技术措施不当也会造成套管损坏而卡钻。

处理方法:

(1) 首先将卡点以上的管柱起出,其方法可采取倒扣、下割刀切割或爆炸切割。然后探视、分析套管损坏的类型和程度,可以通过打铅印、测井径、电视测井等方法来完成。根据探视结果制定切合实际的处理方案。

(2) 一般变形不严重的井,可采取机械整形(胀管器、滚子整形器)或爆炸整形的方法将套管修复达到解卡目的。

(3) 如变形严重,以上方法不能使用,可下铣锥或领眼高效磨鞋,进行磨铣打开通道解卡,如此种方法对套管造成损伤或套管破裂,可通过套管补贴进行补救。

4. 液压钳故障有什么现象?原因有哪些?如何处理?

故障现象:

(1) 上卸扣时打滑。

(2) 上卸扣速度过慢。

(3) 开口齿轮不能复合,与壳体的缺口对不准。

(4) 钳牙不闭合,咬住管子后松不开。

(5) 排挡杆不灵。

故障原因:

(1) 钳牙磨损;钳牙槽被脏物堵塞;制动盘被油污染;制动盘调节螺钉松动或弹簧过软或制动盘严重磨损。

(2) 动力转速过低;液压油黏度太高;油泵吸空;油泵

或液压马达严重磨损;滤网严重堵塞;节流拉杆调得不合适。

(3) 复位机构调整不当。

(4) 方向杆与摇杆的位置不对;制动盘弹簧断裂或弹簧调节螺钉过松或脱落;颚板及滑道被脏物卡住。

(5) 排挡杆的变速拨叉定位调整螺钉太紧或太松;在液压钳没减速时换挡。

处理方法:

(1) 更换新牙;清洗脏物;将油清洗干净。

(2) 提高动力转速;换油或给油加温。查找原因,采取相应措施,如空气进入泵的进口管线;修理或更换新泵或液压马达;清洗滤网;重调三位四通阀的行程。

(3) 调整复位机构。

(4) 重调方向杆、摇杆,使之对应,上扣对上扣,卸扣对卸扣;调整制动盘拧紧螺钉或更换新弹簧;清除脏物,保持良好润滑。

(5) 调紧调节螺钉,使之松紧适度;在低速时变挡。

5. 管柱下井过程中遇阻有什么现象?原因有哪些?如何处理?

遇阻现象:

(1) 管柱缓慢下行后不动。

(2) 突然遇阻上提无夹持力,井口又无溢流。

(3) 管柱下行过程中突然遇阻,缓慢上提下放或转动无效,而且上提时有轻微的夹持力。

(4) 下大直径工具在井口遇阻。

(5) 带有封隔器的管柱突然遇阻。

(6) 刮蜡、通井、刮削管柱遇阻。

遇阻原因：

（1）蜡阻。

（2）如压井，可能是压井液帽或者是蜡帽阻。

（3）可能是套管变形。

（4）套管短节处卷边或变形。

（5）封隔器坐封或套管变形错断。

处理方法：

（1）根据管柱性质直接洗井或起出下刮蜡管柱。

（2）起出打印或测井落实套管技术状况。

（3）检查套管短节内径与下井工具的外径是否匹配，如有问题可换短节；如轻微卷边或变形，可下适合的中间胀管器进行挤胀。

（4）起出后检查封隔器是否坐封，如有划痕或变形，打印或测井落实套管技术状况。

（5）洗井无效后起出，如无变形、划痕，应更换小一级工具；如有划痕或变形，打印或测井落实套管技术状况。

6. 油井蜡堵有什么现象？原因有哪些？如何处理？

蜡堵的现象：

作业洗井时打压到一定压力后洗不通；光杆遇阻。

蜡堵原因：

（1）油井在生产过程中，在油层高温高压条件下，蜡溶解在原油中。当原油流入井筒后，从井底上升到井口的过程中，压力和温度逐渐降低，蜡就从原油中析出，黏附在管壁上，使油井井筒结蜡。

（2）由于管理不善、加药或洗井不合理也可以造成油套管结蜡；长时间关井也可以造成结蜡，严重时会把井筒堵死。

处理方法：

(1) 解堵时首先要保证地面管线连接紧固，做到不刺不漏，不能接软管线，管线应固定牢固；出口不能进干线进罐，防止洗通后将死油洗进干线将干线堵死。

(2) 安装好适当压力级别的抽油杆防喷器，将抽油泵柱塞提出泵筒，关好防喷器，倒好反洗流程。

(3) 有专人指挥观察压力，其他人员远离高压区域。解堵时泵车要用低挡小排量，压力不能过高保持在15MPa以下，同时观察进出口情况。如有注入量，继续保持压力保证水温平稳注入，直至压力有下降显示、出口见洗井液时可逐渐加大排量，直至解通再大排量洗井。切忌泵车猛打快起压。

(4) 如上述方法无效，可进行起抽油杆操作，如在起的过程中发现有溢流，可关好防喷器再接洗井。按解堵方法进行解堵，如不通再起。起的过程中，可用作业机低速挡缓慢起抽油杆，操作人员在挂好吊卡后撤离井口。起抽油杆时，要随时观察拉力表变化，随时观察井口，发现有溢流显示时，立即控制好井口进行洗井。抽油杆全部起出后再洗井解堵。

(5) 抽油杆起出后洗井解堵无效时，请示有关部门后，可进行起油管操作。

(6) 起管前安装好合适压力级别的油管防喷器，如负荷不超过管柱允许最大载荷时，可缓慢用作业机低速挡起出油管，操作人员在挂好吊卡后撤离井口。起油管时要随时观察拉力表变化，随时观察井口，发现有溢流显示时，立即控制好井口进行洗井。

(7) 如负荷超过管柱载荷时，可采用油管内下小直径管冲洗后，再进行反洗井。切忌大负荷起油管，避免造成其他井下事故。

(8) 起出油管后,按套管刮蜡的方法除蜡后再进行下道工序。

7. 提升大绳跳槽有什么现象?原因有哪些?如何处理?

大绳跳槽的现象:

(1) 提升大绳在天车跳槽,但大绳可自由活动。

(2) 提升大绳卡死在天车两滑轮之间,且大绳不能自由活动(活绳没有卡死)。

(3) 提升大绳在游动滑车内跳槽,但大绳仍能自由活动。

(4) 提升大绳跳槽后,卡死在游动滑车内,且大绳不能自由活动。

大绳跳槽的原因:

(1) 防跳装置变形或损坏。

(2) 下管柱时速度快,突然遇阻;操作不当或刹车失灵顿井口。

(3) 拔负荷时,管柱突然断脱,大绳弹起。

(4) 冬季天车或游动滑车的滑轮不转或不灵活,天车或游动滑车的滑轮内有死油。

处理方法:

(1) 针对上述第一种原因,处理方法如下:

①把游动滑车用钢丝绳固定在井架上。

②修井机挂倒挡放大绳,使大绳解除负荷。

③操作人员系安全带在井架天车平台处,用撬杠把跳槽的大绳拨进天车槽内。

④慢提游动滑车,待大绳承受负荷后刹住刹车。

⑤卸下把游动滑车固定在井架上的钢丝绳与绳卡子。

⑥上下活动游动滑车两次,正常后停车。

(2) 针对上述第二种原因,处理方法如下:

①把游动滑车用钢丝绳与绳卡子牢固地卡在活绳上。

②慢慢上提游动滑车,使提升大绳放松,刹死刹车。

③操作人员系安全带在井架天车平台上,用撬杠把卡死在天车两轮间的大绳撬出并拨进天车滑轮槽内。

④修井机操作手慢慢下放游动滑车,待各股都承受负荷后,卸掉固定游动滑车的钢丝绳与绳卡子。

⑤慢慢上提下放游动滑车,正常后停车。

(3) 针对上述第三种原因,处理方法如下:

①慢慢下放游动滑车至地面上,并放松大绳。

②用撬杠将跳槽大绳拨进槽内。

③慢慢上提游动滑车离开地面。

④继续上提下放游动滑车两次,正常后结束处理工作。

(4) 针对上述第四种原因,处理方法如下:

①用钢丝绳和绳卡子把游动滑车固定在井架上。

②松活绳,操作人员先拉动活绳,然后依次拉松游动滑车的提升大绳,直至拉到卡死位置,再用撬杠把被卡死的提升大绳撬出后拨入轮槽内。

③缓慢上提大绳直到提起游动滑车,刹住刹车。

④卸掉固定游动滑车的钢丝绳及绳卡子。

⑤上提下放游动滑车,正常后停车。

8. 潜油电泵电缆卡有什么现象?原因有哪些?如何处理?

潜油电泵电缆卡的现象:

潜油电缆堆积后卡住电泵管柱。常见的有两种情况:电泵顶部堆积卡和电泵本体堆积卡。

潜油电泵电缆卡的原因:

(1) 处理潜油电泵遇卡过程中将管柱拔断,电缆和油管脱开,只起出油管,而电缆落井后堆积。

（2）在起管柱时，电缆未同步起出，堆积在油管周围。

处理方法：

（1）卡点上方管柱及电缆的打捞方法。

①在潜油电泵被卡后油管电缆未断，基本处于下井时的状态，可采取上提管柱，在一定拉力下同步炸断油管和电缆的方法将油管和电缆一同起出。

②脱落堆积电缆的打捞：电缆脱落一般都成螺旋状盘在套管内壁上，打捞时应尽量避免将电缆压实。常用的打捞工具有活动外钩、螺旋开窗捞筒，有时也使用螺旋锥等辅助工具打捞。

③卡点的处理：采用常规打捞工具抓取油管，配合上击器、下击器进行重复震击，逐渐使卡点松动，使潜油电泵解卡。如果是套变卡，先把变形井段让出来，再采用先整形后打捞的办法。在无法震击解卡的情况下可采用磨铣处理，常用的工具有护罩磨鞋、平底磨鞋或空心磨鞋等。

（2）潜油电泵的打捞。

当电泵机组以上的油管及电缆处理干净以后，鱼顶裸露部分为潜油电泵组件时，可以下专用工具打捞。

①打捞泵、分离器、保护器部位可用薄壁卡瓦捞筒、螺旋卡瓦捞筒等。

②打捞泵变扣接头部位可用变扣接头打捞矛。

③打捞连接法兰部位可用销式电泵捞筒。

④打捞泵体可用弹性电泵捞筒。

9. 起下油管产生溢流什么现象？原因有哪些？如何关井控制溢流？

产生溢流的现象：

（1）起油管时，起出管柱体积大于灌注修井液体积。

（2）下油管时，下入井内管柱体积小于修井液返出井口的体积。

（3）停止起下作业时，出口管外溢。

产生溢流的原因：

（1）液柱压力小于地层压力。

（2）起管柱时井内未灌满压井液或灌量不足。

（3）起管柱产生过大的抽吸压力。

（4）循环漏失。

（5）修井液密度不够。

（6）地层压力异常。

关井控制溢流的方法：

（1）井口人员发现溢流立即发出溢流手势信号，作业机司机接到信号后鸣一声长笛信号。

（2）施工人员听到溢流警报信号后，立即停止起下作业，打开放喷阀门。

（3）将管柱坐于井口，摘下吊环，井口人员将旋塞阀迅速安装到油管上。

（4）将管柱上提10cm以内，发出两短笛关井信号，井口人员同时以相同圈数旋转左右丝杠，关闭闸板防喷器，关紧后回旋1/4~1/2圈。下放管柱，摘下吊环。关闭旋塞阀，发出关闭旋塞阀手势信号。

（5）接到关闭旋塞阀信号后，关闭放喷阀门，并观察套管压力。在旋塞阀上方安装压力表总成，打开旋塞阀并观察油管压力。

（6）认真观察，准确记录油管和套管压力，以及循环罐压井液增减量，迅速向队长或技术员及甲方监督报告。

（7）如果确定处于可控状态，作业机司机鸣三声短笛发出解除信号。

(8) 根据压力情况决定下步措施。

10. 起管柱过程中出现油管脱落有什么现象？原因有哪些？如何处理？

油管脱落现象：

在起管柱过程中井内的油管部分或全部脱落掉至井底，现场表现为负荷突然下降。

油管脱落原因：

(1) 在卸油管扣时，背钳没打好，有打滑现象，尤其使用液压钳时，其速度快、扭矩大，造成卸已起到吊卡上面的油管扣时，反向转动了井内油管，使其卸扣掉落井内。

(2) 在起油管过程中撞击磕碰、振动使井内油管松扣，上提过程中突遇套管变形也可使油管落井。

(3) 由于前次施工所下管柱螺纹上的不紧不满，以及油管螺纹损坏、偏磨至油管产生裂缝、上偏扣等，都会造成油管脱落掉入井内。

处理方法：

发生掉落井内油管事故后，应及时进行打捞处理将其捞出，以防事故进一步发展与恶化，影响下步施工进展与事故处理。其具体方法应针对所掉油管的具体条件而定，首先要看鱼顶的情况而定。

(1) 当鱼顶完整且裸露，可分辨出鱼顶是外螺纹时，可采用相应尺寸的卡瓦打捞筒一类的打捞工具外捞；鱼顶是内螺纹时，可用相应尺寸的捞矛类工具或公锥内捞。

(2) 当鱼顶被砂埋时，应采取先下一次冲砂管柱冲砂冲洗鱼顶，再使用相应打捞工具打捞。也可对被砂埋不严重的鱼顶采用带水眼打捞工具先冲净鱼头再打捞。

(3) 当鱼顶破坏不能直接进行打捞时,可先进行修整鱼顶,将鱼顶修整好后,再选择合适的打捞工具进行打捞。

(4) 当落井油管带有封隔器或在井内居中的简单掉落事故,可在发现底部油管掉落后,用原管柱直接下去对扣打捞。

11. 冲砂时卡钻有什么现象?原因有哪些?如何处理?

冲砂卡钻的现象:

(1) 旋转冲砂接单根时,冲砂管柱下不到原冲砂位置。

(2) 上提冲砂管柱时,指重表显示负荷远高于悬重吨位。

冲砂卡钻的原因:

(1) 接单根前未充分循环,使已经冲起的砂子又下降堆积,将管柱卡在井内。

(2) 冲砂时洗井泵车突然发生故障,使排量下降或泵抽空,造成砂子下沉堆积卡住冲砂管柱。

(3) 冲砂时操作不当或地面管线发生故障或动作迟缓造成砂子堆积,卡住冲砂管柱。

(4) 冲砂液中有堵塞物也会出现上述事故。

处理方法:

(1) 循环冲洗,将卡管柱的堆积砂子洗出。

(2) 采取活动解卡,活动管柱将堆积砂子脱落。

(3) 大力上提解卡。

(4) 套铣倒扣。

(5) 对于卡得特别死的、难度大的事故,可采取爆炸松扣方式解卡。

12. 水泥凝固卡钻(焊管柱)的原因有哪些?

(1) 打完水泥塞后,没有及时上提油管至预定水泥塞面以上进行反冲洗或冲洗不干净,致使油管与套管环隙多余水泥浆凝固而卡钻。

（2）憋压法挤水泥时没有检查上部套管的破损，使水泥浆上行至套管破损位置返出，造成卡钻。

（3）挤注水泥时间过长或催凝剂用量过大，使水泥浆在施工过程中凝固。

（4）井下温度过高，对水泥又未加处理，或井下遇到低压盐水层，使水泥浆性能改变，以致早期凝固。

（5）打水泥浆时，由于计算错误或发生别的故障造成油管或封隔器凝固在井中。

13. 提拉测卡的具体方法是什么？

卡钻事故发生后确定卡点位置即测卡，对解卡是十分重要的一项工作。在现场，测卡方法一般是利用原井下管柱测定其受某一提拉力时的伸长量来计算出卡点位置。

测卡时上提钻具，使其上提拉力比卡钻前的悬重多几吨，记下这时的拉力 p_1，并且在方钻杆上沿转盘平面作记号 L_1。然后再用较大的力上提（一般增大 10~20t），同样记下拉力 p_2 和方钻杆上的记号 L_2。计算两次上提拉力的差 (p_1-p_2) 记为 Δp，两次上提方钻杆的伸长量 $(L_1\sim L_2)$ 记为 ΔL。用大小不同的拉力提拉至少 3 次，测出每次提拉的 Δp 和 ΔL 分别求平均值，然后根据计算公式求出卡点位置 L。

$$L = K\Delta L/\Delta p$$

式中 K 值可在修井手册中根据钻具的几何尺寸及材料查得。

14. 震击解卡的具体操作步骤是什么？

上击解卡：

上击解卡是利用上击器在卡点附近产生震击使卡点松动解卡。

上击解卡操作步骤如下：

（1）下放钻具到指重表读数小于正常下放悬重10t左右，使上击器关闭。震击器关闭过程，可在指重表上显示出来，指针会出现一段静止或回摆，说明上击器已经闭合。

（2）上提钻具，一般比正常上提钻具的悬重多提20～30t，刹住刹把，观察上击器震击瞬间指重表指针摆动，钻台上可感到震动。

（3）确定上击器能正常工作后，重复以上两步动作，使震击器反复震击。并且根据井下情况增大震击力，直到解除事故。需要长时间震击时，每连续震击半小时，要停止震击10min，以便使震击器中液压油冷却。

在操作中，震击器震击效果除与上提速度有关外，主要由上提拉力决定。上提拉力受多方面因素的影响，实际操作中主要考虑上提、下放钻具存在的摩擦阻力，上提震击和下放关闭时应去掉这部分阻力，正确的确定提放吨数。

下击解卡：

下击解卡是利用下击器在卡点附近产生震击使卡点松动解卡。

下击解卡操作步骤如下：

（1）一般情况下，下击器在井下总是处于"打开"的位置，需要下击时，司钻下放钻具，除去摩擦阻力外，压在下击器上的钻压要大于事先调节的震击吨位，然后刹住刹把，观察下击器工作，下击器震击瞬间，指重表的指针摆动，井口可感到震动。

（2）需要再次下击时，首先要使下击器重新打开，即上提钻具，直到指重表上所显示的悬重证明下击器已打开。再次下放钻具重复（1）的过程，直至解卡。

（3）使用下击器时应注意震击器要尽量靠近鱼顶，并且上部应有足够重量的钻铤。

15. 爆炸松扣的具体操作方法是什么？

所选择的炸药、导火索、药量必须适当，药量过大会损坏甚至炸裂管柱，过小可能松不开扣，用药量根据实践而定。

爆炸松扣的简单操作：

（1）测卡后，先将管柱上紧，将测卡仪的爆炸杆对正卡点以上管柱的第一个接箍处。

（2）按330m转动四分之三圈的经验数据反向旋转管柱（大直径的钻杆或套管一般每320m转二分之一圈；卡点距地面较近时，转的圈数减少一点）。

（3）用高电压（440V）、低电流（1.5A）的直流电源引爆，倒扣解卡。

（4）爆炸松扣成功的典型显示：从仪器上看出断路和扭矩表读值下降、井口钻具及卡瓦震动。点火后，立即上提测卡仪约30m，静止5~10min后，再起仪器，防止仪器、加重杆外壳快速冷却淬火折断、卡住甚至切断仪器。先慢速活动上提，待摩擦力正常后，再逐渐提高速度。

16. 取套施工中套铣卡钻的原因及预防措施有哪些？

套铣卡钻是指在套铣取套过程中，套铣筒或套铣钻头被卡死，无法提放和转动，是取换套工艺中最易发生的问题之一。套铣卡钻主要有以下原因：

（1）含在套铣筒内的套管过长时，高速旋转的套铣筒内壁对套管产生的摩擦力很大，可以拧断、拧劈套管。受到破坏的套管在套铣筒内堆积叠加，套铣筒和套管塞成一个整体，此时套铣管柱既不能上提下放，又不能转动。

预防这种方式卡钻的主要措施是适时取套。理论上讲，一个配备有800m套铣筒的修井队一次可以套铣800m。但实际上为防止含在套铣筒内的套管过长，造成卡钻，必须将800m分几次套铣。实践证明，含在套铣筒中的套管超过300m极易卡钻，建议实际操作中每套铣150~200m，取套一次。

（2）粘吸及压差卡套具是过取换套中卡套具的另一主要原因。尤其是过油层取换套井，套具防卡更为重要。可采取以下措施预防：

①降低修井液液柱压力与地层压力之间的压差。

防止压差卡套具，要尽可能降低压差，而决定压差大小的主要因素是实际使用的修井液密度。因此要严格控制修井液固相含量，应将岩屑含量控制在5%以下，密度不能超过设计范围，配全并使用好固控设备。

②控制好修井液性能。

严格控制滤失量，在渗透性层段应控制API失水在3~5mL范围内。提高滤饼质量，滤饼厚度应不超过1mm，滤饼要坚韧致密，润滑性好。修井液应具有合适的黏度和切力，便于携屑，提高井眼净化程度。

③及时活动套具。

现场最有效的预防措施是及时活动套具。可根据理论计算出最长静止时间和最小活动距离，在不大于最长静止时间和不低于最小活动距离的情况下适时活动套具，将会有效地预防压差及粘吸卡套具事故的发生。

17. 取套施工中下示踪管柱的具体操作是什么？

示踪保鱼一般在断口以上还剩30~50m套管时进行，在套铣筒内对断口处进行修整，使断口尽量复位。然后把两个压缩式封隔器连接在管柱上，将下封隔器下过断口，封隔器通过断口（如封隔器通过断口有困难可改用捞矛）使上封隔器距离断口3~5m，上封隔器以上管柱长度应小于井内套管长度 2~3m，以便打捞套管。封隔器过断口后，憋压坐封，使示踪管柱稳定。如用捞矛，要使捞矛通过断口 2~3m，抓捞套管，保持上部管柱稳定。

18. 取套施工中如何用喇叭口套铣钻头收引下断口？

该方法是套铣到套损点以上 30~50m 时，下示踪管柱，起出套铣筒，换喇叭口套铣钻头。虽然偏离轴线的套管对套铣筒有侧向力，但喇叭口套铣钻头内外壁之间有倒角，使套管与套铣钻头切削齿有效切削部位存在一定距离，这一距离可以保护套管始终含在套铣筒内，而不被切断，从而防止丢失鱼头的事故发生。

如果鱼头丢失了也可用喇叭口套铣钻头寻找，喇叭口套铣钻头的喇叭形状具有向外扩张特性，它一旦切入套管就会向套管所在部位扩张，而把已经切削的含在套铣筒内的那部分套管保护起来，直到把套管引入套铣筒内扩张才会停止。当然套管需封固不动，如果套管是活动的，喇叭口的扩张作用会因套管的移动而失效。

19. 膨胀管加固施工中应注意什么？

（1）井筒准备：必须捞净落物并冲砂至人工井底，避免加固底堵无法落入井底。

（2）通井：应对套管加固段整形处理达到原通径，且用模拟通井规顺利通过，夹持力不大于 20kN，避免加固管下入时卡阻。

（3）测井：施工前必须进行 16 臂井径测井，依据测井曲线确定加固井段和膨胀管长度、规格、型号，避免加固失败。

（4）下加固：

①投送管柱应通畅、清洁、无泥砂等污物，严格检查密封性，下入时缠好螺纹密封布，抹好密封脂并旋紧，保证管

柱整体密封性良好,避免打压时发生泄压现象。

②加固管由投送管柱带入井内,下入时必须连接定位短节,准确测量定位短节以下管柱及加固管本体长度、外径,避免加固深度错误。

③管柱下入过程中,注意观察指重表,如加固管柱悬重下降超过50kN,必须提起后,旋转方向尝试下放;到特殊井段需缓慢下放,如遇阻,禁止大负荷上提下放,避免加固管提前坐封。

④加固管前端必须带有引鞋,以避免加固管无法进入断口。

(5) 灌液:每下3~5柱,向管柱内灌注清水,将管柱内气体排空,灌满后注意观察液面,如液面下降,及时检查原因并处理,避免工作液漏失。

(6) 定位:计算好下入管柱深度,预留5~15m,定位后精确调整下入深度,禁止将加固管本体下过加固井段,避免加固管卡阻。

(7) 加固:打压坐封时,连接好地面高压管线,除必要操作人员外,其他人员远离施工现场,避免高压操作伤人。

(8) 磨底堵:磨加固管底堵时执行磨铣操作规程,禁止顿击、过大钻压、不循环磨铣等违章操作,避免卡钻或底堵堵塞井筒。

20. 燃气动力加固施工中应注意什么?

(1) 通井:应对加固段整形处理达到设计尺寸以上,且用模拟通井规顺利通过,夹持力不大于20kN,避免加固管下入时卡阻。

(2) 测井:必须进行16臂井径测井,落实套管技术状况,并依据测井曲线确定加固管长度、规格、型号,避免加固失败。

（3）下加固：

①投送管柱应清洁、无泥砂等污物，管体无弯曲、无破损，螺纹无损伤，入井前用模拟通井规通管。在管柱外螺纹上涂密封脂，旋紧扭矩不小于4200N·m，避免投棒时卡阻。

②燃气加固工具入井后，下放速度不大于30m/min；加固管柱距预加固井段以上30m时，控制下放速度在10m/min以内，禁止顿击，避免加固器提前坐封。

③加固管到位后，核对校正加固深度，加固管与预加固井段对中，严禁下过，避免加固管倒挂。

（4）投棒引爆时和引爆失败处理操作时，除专业人员外，其他操作人员撤离井口50m以外，避免伤人。

21. 打捞操作时需要注意什么？

（1）打捞绳类落物时，钩类工具必须连有压盖，避免绳类落卡阻打捞管柱。

（2）打捞大直径落物时，鱼头以上井段要通井，起打捞时注意悬重变化，避免卡阻打捞管柱和上顶。

（3）反复捞空落物时，必须重新落实鱼头、井筒状态和制定打捞措施，避免无效操作和工程事故。

（4）打捞砂埋油管时，套铣深度要够并充分循环后再打捞，避免卡阻管柱。

（5）应用非可退式工具打捞时，打捞管柱必须加安全接头，避免捞住落物后拔不动，卡死打捞管柱。

22. 冲胀整形工艺有哪些技术要点？

（1）必须首先落实清楚套损井段通径与长度，避免无效操作或工程事故。

（2）冲胀前落实冲胀井段管外是否有水泥封固，避免冲胀管柱卡死或折断。

（3）冲胀管柱必须通畅，连有安全接头、水眼，避免拔不动时无解决措施。

（4）优先选择短工作面冲胀工具，避免因夹持力过大卡死管柱或折断工具。

（5）冲胀管柱需用软吊环悬挂，吊卡销子固定牢靠，无关人员远离井口50m以外，避免井口装置崩开伤人。

（6）每冲击15~20次，必须紧扣一次，避免管柱脱扣掉入井内。

（7）冲胀施工时，实时检查作业机底座及各地锚，避免绷绳飞出、井架坍塌等事故。

23. 磨铣整形工艺有哪些技术要点？

（1）磨铣工具尺寸的选择要根据变点的实际情况进行优选，坚决杜绝越级磨铣，避免卡阻管柱。

（2）磨铣钻具必须畅通、密封，下至变点时需缓慢下放钻具，观察加持力，避免卡阻。

（3）磨铣施工必须循环，避免磨铣工具粘在落物上。

（4）钻具螺纹应涂密封脂，但不要多涂，避免脱落掉入钻具底部堵死工具水眼。

（5）磨铣时各参数的选择：扭距为4~5挡车、转速为60r/min、钻压为0~20kN、排量不小于$0.4m^3/min$，避免无效操作和工程事故。

（6）铣锥坚决不允许当通井规、冲砂工具、胀管器、磨鞋等使用，避免折断卡死井内通道。

（7）磨铣工具通过套损井段后，应上下划眼直至无夹持力，避免磨铣不到位。

24. 电泵井打捞工艺的技术要点有哪些?

（1）洗井：应首先选择 70℃ 以上热水进行反洗井清蜡，如洗通则进行充分循环；如不能洗通，用小油管下入原井油管内进行洗井，并通井至人工井底或确定卡点深度。

（2）起原井：负荷 100kN 以内活动原井管柱，避免仅捞出油管，造成电缆堆积，增加打捞难度。

（3）切割打捞：在卡点以上切割后，缓慢捞出落物管柱，避免电缆落入井内。

（4）打捞堆积电缆：优先选择勾类打捞工具，起出电缆时，井口应备有剪切工具，避免发生溢流时无法关井。

（5）过错断口打捞电缆：如果经过断口时负荷过大，应放回后换方向缓慢试提，避免电缆被断口刮掉。

（6）打捞电泵机组：套铣机组时，进尺不应超过 20cm，避免将机组套散增加打捞难度；电泵机组过断口前，应对断口进行模拟通井操作，避免机组在断口处卡死。

25. 工程报废技术要点有哪些?

（1）长规井报废施工：

①报废管柱必须下过油层，避免水泥浆无法挤注进地层内。

②报废施工前必须压井，避免报废施工时发生溢流，影响报废质量。

③环境敏感区内报废施工时，油层灰面以上必须下封隔器，避免污染周边环境。

（2）深井报废：

①必须做地面试验，确定水泥浆配方及每次报废井段长度，避免固死报废施工管柱。

②报废施工前应充分循环，降低井底温度，避免因井温

过高促使水泥浆提前凝固。

③气井报废施工中,深部井段水泥浆中应适量加砂,确保报废质量。

26. 粘吸卡钻有什么现象?原因有哪些?如何处理?

粘吸卡钻现象:

(1)钻柱有处于静止状态的过程。

(2)卡点位置在钻柱部分。

(3)卡钻前后钻井液循环正常。

(4)卡点可随时间增长而上移。

粘吸卡钻原因:

(1)钻井液性能不好,失水大、含砂量高、滤饼厚且疏松、磨阻大。钻井过程中,钻井液受石膏、黏土、盐岩等污染,造成钻井液性能变坏,易发生粘吸卡钻。

(2)循环排量小,井底冲洗不干净,钻井液净化不好,钻屑粘在井壁上,以及加重、堵漏材料等固相物质造成井壁滤饼厚且不光滑,滤饼黏滞系数高,也易造成卡钻。

(3)井身质量不好,井眼曲率大,钻具贴在井壁上,钻井液柱侧压力将钻具挤压在井壁滤饼上,因此,压差卡钻与粘吸卡钻同时发生。

(4)钻具活动不及时,活动范围小,钻具断落及因机械故障无法活动钻具,钻具长时间停留在井内,易造成粘吸卡钻。

处理方法:

(1)发生粘吸卡钻,在接震击工具的同时,及时用清水大排量循环,清水循环时要彻底。清水循环时间一般为4~12h。在一定吨位活动震击。

(2)泡油:测量卡点深度,按卡点以上100m计算泡油量。打完油后一般静止 2~4h 后间歇活动钻具；泡油期间刹把不得离人。

（3）倒扣套铣。

27. 侧斜井下钻遇阻有什么现象？原因有哪些？如何处理？

遇阻现象：

（1）管柱缓慢下行后不动。

（2）突然遇阻上提无夹持力。

（3）指重表悬重突然减少。

遇阻原因：

（1）井壁坍塌。

（2）井眼缩径。

（3）沉砂。

（4）井眼井径不规则。

（5）造斜处狗腿曲率过大。

（6）钻头与井眼尺寸不符，进入小井眼。

处理方法：

（1）如钻头是牙轮钻头，可直接循环划眼。

（2）如钻头是 PDC，需起出换牙轮或其他钻头进行划眼。

（3）如钻头尺寸不符，可起出更换钻头。

（4）钻井液性能要符合设计要求，适当增大钻井液黏度，提高携砂能力。

28. 侧斜井完钻后起钻遇卡有什么现象？原因有哪些？如何处理？

遇卡现象：

起钻时遇卡；上提不动；指重表悬重增加。

遇卡原因：

(1) 钻头泥包。

(2) 井眼缩径。

(3) 井下钻具工具如钻铤、扶正器泥包。

(4) 完钻后循环洗井时间短，砂子未冲洗干净。

处理方法：

(1) 调整钻井液符合设计要求，适当降低黏度。

(2) 大排量循环洗井，冲洗泥包钻头或工具。

(3) 在可控范围内上下活动钻具。

(4) 如遇井眼缩径无法起出，可采用倒划眼措施。

(5) 如果钻具已经卡死，活动不开，但可以循环，可采用下击器下击或泡入解卡液进行解卡作业。

(6) 如果卡死且不能循环，可进行套铣倒扣解卡处理。

29. 钻进中钻具刺漏有什么现象，如何处理及预防？

钻具刺漏现象：

(1) 泵压会慢慢下降。

(2) 进尺变慢。

(3) 转盘负荷会逐渐加重。

(4) 岩屑中会出现井壁掉块。

(5) 有时还会出现蹩钻。

处理及预防：

(1) 及时起钻，同时认真检查钻具。

(2) 如有遇卡，不能活动太猛，以防止在刺口处折断。

(3) 下钻螺纹要干净，螺纹脂要符合标准，涂抹均匀。

(4) 尽可能按标准扭矩上扣。

(5) 经常对钻具进行预检查。

(6) 不用钻具做电焊时的零线，以防止发生电击腐蚀。

30. 发生井漏的主要原因有哪些？如何处理？

井漏原因：

（1）地质因素。

①渗透性地层：粗砂岩、砾岩、含砾砂岩，渗透率>14×$10^{-3}\mu m^2$。

②天然裂缝、溶洞。

（2）人为因素。

①注水开发造成多压力层系。

②注水开发造成地层破裂压力的变化。

③施工措施不当：加重不均、起下压力激动、黏切力高、岩屑浓度大、泥包、砂桥、坍塌条件下开泵过猛。

处理方法：

（1）基本原则。

①注意对产层的保护。

②钻遇非渗透性漏失，立即灌好钻井液，起钻出裸眼井段，中途不停、不试图开泵。

③堵漏后，恢复钻进应避免钻井液大幅度变化，避免在漏层位置开泵。

（2）渗透性漏失。

①如漏失量不大可继续钻进，利用钻屑堵漏。

②继续漏失，停止钻进，上提钻具静止堵漏。

③改变钻井液性能（降密度、提黏、提切）。

④钻井液中加入堵漏材料（石棉粉，暂堵剂等）。

（3）裂缝性漏失。

①小缝、小漏加细微颗粒和纤维物质（云母片、石棉粉、超细碳酸钙、氧化沥青粉、单向压力封闭剂）。

②大漏使用桥接剂（贝壳渣、胶粒、膨胀型堵剂及复合

堵剂等)。

③严重漏失使用可凝固的材料(石灰乳、柴油—膨润土浆、水泥、树脂、MTC浆、酸溶性固化剂等)。

(4)溶洞性漏失。

①充填与堵剂复合方法(投粗砂、碎石、水泥球再堵)。

②借助于井下工具(尼龙袋、网袋、封隔管等)。

③边漏边钻,强行穿过后下技术套管。

31. 起钻时有时候钻杆内会返喷钻井液原因有哪些?如何处理?

钻杆返喷钻井液原因:

(1)灌入环空的钻井液密度大于钻杆内的钻井液密度。

(2)井壁有坍塌。

(3)井喷前的预兆。

处理方法:

如属(1)、(2)两种情况,应当接上方钻杆循环,使钻井液密度均匀,然后即可继续起钻。如果是井喷前的预兆,应当抢接方钻杆及旋塞阀,然后按井控措施处理。

32. 井塌有什么现象?原因有哪些?如何预防及处理?

井塌现象:

(1)钻进中发现转盘有蹩劲,摘掉离合器后转盘打倒车。

(2)泵压突然升高或憋泵,钻井液返出量小或不返;钻屑增多,有未经切屑的上部地层掉块。

(3)起钻时钻井液从钻杆里倒流;下钻时遇阻,钻具提起放不到原方入。

遇卡原因:

(1)起钻不及时向井内灌钻井液或钻井液密度过低,造成井内液柱压力低,不能有效支撑井壁而造成井壁坍塌。

(2) 处理钻井液时加水过快,或管理不善,大量清水混入钻井液中,破坏了钻井液性能,泡垮地层。

(3) 钻进时突然井漏,环空液面迅速下降,井壁失去平衡。

(4) 钻井液密度过低,失水大,地层本身破碎,或胶结不好(如疏松的砾石层、煤质泥页岩等)被钻井液浸泡过久。

(5) 地层倾角过大的井段浸泡后的泥页岩膨胀,剥落入井。

预防及处理:

(1) 各种情况下,都要尽力保持井内液面到井口。

(2) 保持维护钻井液性能良好、稳定,对易塌地层要保持钻井液中防塌剂的浓度,处理时要缓慢,防止性能突变。

(3) 如发现上部井段掉块增多,要及时提醒司钻,坚持大排量循环,切忌停泵。

(4) 钻进中遇严重井塌,由于漏失造成井壁失去平衡,则应边灌钻井液,边组织人员迅速起钻。如非井漏引起的井塌,不能硬提钻具,应尽可能保持大排量循环,保持钻具转动,待泵压正常、转动憋劲不大时,再采取轻提慢转倒划眼解除,如钻头不在井底应设法下放,严禁硬提,以免将落物挤紧而卡死,增加处理难度。

(5) 起钻前发现钻井液从钻杆内倒流,应及时接方钻杆循环,调整钻井液性能,待井下正常后再起钻。

(6) 若井下静止时间较长,下钻时应分段循环。

(7) 缩短建井周期,防止地层浸泡时间过长,造成井塌。

(8) 起钻发现上提遇阻时,应设法下放同时接方钻杆大排量循环,轻提慢转倒划眼,不得硬提。

(9) 发生井塌后,最有效的方法是进行划眼,用大水眼牙轮钻头或铣头+铣筒进行,排量尽可能大,钻井液黏度稍高,反复划眼直到上下钻具顺畅,软地层划眼时要注意防止钻出新井眼。

33. 井斜的原因有哪些？如何控制井斜？如何处理井斜？

井斜原因：

(1) 地质条件。

①地层倾角起主要作用。

②层状地层：倾斜的层面处井眼下倾侧产生对钻头的横向力。

③地层各向异性：钻头易向破碎阻力最小方向倾斜。

④岩性交替变化：软硬变化造成钻头两侧受力不均。

(2) 钻具组合变形和运动。

①（直井中）下部钻柱弯曲：在一定的钻压下钻柱弯曲，钻头及相邻部分中心偏离井眼轴线，钻压偏一角度，致井眼偏斜。

②（斜井内）钻柱受力影响：钻压在垂直井眼方向的分量—增斜力；切点以下重量在井壁垂向的力—减斜力；地层造斜力（增、降取决于钻压、钻铤和井眼尺寸以及地层特性）。

③钻柱的摆动和涡动：不规则的摆动、不规则的涡动致斜。

(3) 操作不当。

井斜控制：

(1) 原则：井斜控制实质是对钻头侧向力和钻头倾角的综合控制。

设计使用合适的钻具结构，加压准确、送钻均匀（保证下部钻柱处于需要的弯曲形态），尽量采用高转数（$>90r/min$），认真执行交界面钻进措施，遵循地域、区块地层造斜规律和与之相应的经验方法,定点测斜监控。

(2) 钢性满眼钻具组合：满眼钻具、方钻铤。

(3) 钟摆力：钟摆钻具、塔式钻具。

(4) 偏心组合：偏重、偏心钻铤，偏轴接头（安放位置、组合方式、钻压和转数是影响效果的主要因素）。

(5) 导向钻具（定向井轨迹控制法）。

井斜处理：

(1) 未超标准—降斜、吊打（钻具组合、使用大质量的钻铤、钻压）、钟摆组合、柔性钻杆组合、定向井方法。

(2) 超标准—填井重钻。

①填井：测井、侧钻井段选择（不超标、变化率大、可钻性好）、打水泥塞（使用光钻杆、保证足够长度、高密度、封住已钻油层、长凝固时间、扫水泥面、考虑井斜因素、制定安全措施）。

②侧钻：按不同地层选择钻具结构及钻头（软地层—牙轮吊打或尖刮刀加压弯钻杆；硬地层—特制侧切削力强的钻头或用定向井造斜工具），控时加压，观察出新眼迹象，计算"夹壁墙"厚度。

34. 发生掉钻头及牙轮事故有什么现象？原因有哪些？如何处理？

掉钻头及牙轮现象：

(1) 转盘负荷增加，蹩劲大，转盘转动不平稳。

(2) 钻时变慢甚至没进尺。

(3) 泵压突然下降。

(4) 悬重无变化。

掉牙轮钻头原因：

(1) 钻头本体螺纹或接头螺纹不合格，造成钻头螺纹脱扣或折断。

(2) 钻头两巴掌之间焊接不好，导致钻进中焊缝裂开。

(3) 上钻头扣时猛拉、扭矩过大，或钻头盒不规范，造成钻头巴掌焊缝产生裂纹在使用中断裂。

(4) 划眼或钻进中蹩劲大，打倒车脱扣。

(5) 钻头使用时间过长、巴掌与轴承磨损过渡、弹子落井、外壳卡死，继续钻进，会导致牙轮壳体落井。

(6) 钻头泥包，牙轮不转；制造中轴承安装的过紧；新钻头入井时措施不当，钻进中轴承卡死未及时发现；牙轮外壳磨穿止推轴承落井，甚至牙轮轴磨平，造成牙轮落井。

(7) 井底不干净，有铁块等废物，将牙轮轮或巴掌蹩断。

(8) 起下钻中遇阻后猛提猛放，硬将巴掌挤断。

(9) 严重的溜钻、顿钻使钻头受伤，未采取措施，继续使用。

掉钻头及牙轮的处理：

(1) 钻头落井，可对扣打捞，无效时可用合适公锥加工后打捞，否则磨鞋磨铣处理。

(2) 断巴掌事故，井浅时可优先选用强磁打捞器，井深时选用反循环打捞篮。

(3) 在有三个牙轮落井的情况下，优先选用强磁、反循环打捞篮，两个以内时优先选用牙轮打捞器。

(4) 不论是哪个打捞工具，打捞之前在接近井底处充分循环，保持井底清洁是很关键的一环；打捞时先通过轻压慢转使落物进入打捞工具是决定成功的关键；牙轮打捞器、反循环打捞篮在取心过程中蹩钻，说明牙轮未进入打捞器；打捞完起钻时要操作平稳。